凡例

（一）本書定名素食譜。爲提倡實行素食主義之實際專書。與本局所
出之素食救生理論一書相輔而行。

（二）本書體例既分五輯。第一輯爲冷盆類。第二輯爲熱炒類。第三輯
爲小湯類。第四輯爲大湯類。第五輯爲點心類。

（三）本書材料。務求適合衛生。每輯分作五十種。每種分作料用具方法。
關注四段。作料專述材料之分量用具專述器具之名稱方法專
述製造食品之方法。附注專述特別注意之事項。

（四）本書由編者以年來主張素食衛生實習時之經驗編纂而成。蓋
附著家庭食譜遍嘗各味深知肉食之美。實遠遜於素食者多也。
謂余不信。川質古今中外之嗜味者。

凡例

一

素食譜

1

心一堂 飲食文化經典文庫

染食譜

二

素食譜目錄

第一輯　冷盆類

目錄

一

二

第二輯　熟炒類

目　錄

三

素食譜

5

6

目　錄

五

素食譜

7

素食譜

心一堂　飲食文化經典文庫

目　錄

九

素食譜

素食譜目錄終

素食譜

第一輯　冷盆類

第一種　醃白笋

作料

白笋一斤。　醬油二兩。　白糖一兩。　蔴油一兩。

用具

鍋一只。　爐一只。　厨刀一把。　洋盆一只。

方法

把白笋剝殼。倒入清水鍋中。煮一透撈起。用厨刀切成薄片。裝在洋盆裏面。加入白糖醬蔴油等拌和就可供食了。

附注

本食品宜於夏令。

第二種　玉堂菜

作料

膠菜心一斤。　赤砂糖四兩。　飛鹽一兩。　蔴油一兩。

用具

小瓦罐一個。　擂盆一個。　厨刀一把。　洋盆一只。

方法

先把膠菜剝去外葉純拿菜心。再把赤砂糖飛鹽蔴油等一同拌和。然後緊緊裝入小瓦罐中封固罐口倒轉合在擂盆裏面經過一星期卽可供食味美無匹。

附注

如在冬日需旬日許。方可供食。

第三種　拌麵筋

作料

無錫麵筋一斤。　香菌一兩。　扁尖一兩。　醬油二兩。　白糖一兩。

蔴油一兩。　糟油二錢。

用具

厨刀一把。　洋盆一只。

方法

先把麵筋用厨刀切成爲絲。再把香菌扁尖在水裏放清。亦切成細絲。

然後一同裝入洋盆的裏面用醬油白糖蔴油糟油等醃拌方可吃了。

附注

麵筋以無錫所產的爲最好他的製法。將小麥新磨出的麩皮連麵粉

一同浸於冷水中。加入食鹽少許歷一二時之久。使他發凝然後搗成

絲絲相結用手洗淘撩去麩殼逐成生麵麭筋再剪成小團入油鍋中烙之名叫油烙麵麭筋中含有一種滋養料名叫哥羅登最合養身之用。

故人皆歡喜吃的。

第四種　醃泡菜

作料

四川泡菜一斤。　醬油二兩。　白糖一兩。　蔴油二錢。

用具

厨刀一把。　洋盆一只。

方法

把泡菜用厨刀切細裝入盆中拌以白糖醬蔴油等調和得宜卽可取

食清脆可口。

附注

按泡菜市上四川榨菜店有售。法以雪裹蕻擦以食鹽。外加香料高粱酒及用香菌扁尖辣椒大沙子鹽煮成的泡菜滷候冷一併放入四川窰所製的泡菜罈中。該罈四川榨菜店有售。價約一元。罈口有邊成喇叭形。以泥缽蓋上罈口勿令走氣。再將罈口四周圈內以水加入水切不可溜入罈內。每隔三四天加水一次。經過了十幾天。就可候用了。

第五種　醃荳腐

作料

荳腐二塊。　香椿頭少許。　醬油二兩。　芝蔴醬二匙。　蔴油二錢。

用具

厨刀一把。　洋盆一只。

方法

把荳腐放在清水中漂淨。用厨刀切成小塊。再以香椿頭切細。一同盛

五

入洋盆裏面拌以醬油及芝蔴醬少許。再滴入蔴油。便可供食了。

附注

荳腐有鹽水荳腐和石膏荳腐二種。以石膏荳腐質嫩而易消化爲最好。

第六種　醃荳腐乾

作料

南京荳腐乾十塊。　醬油一兩。　蔴油二錢。

用具

廚刀一把。　洋盆一只。

方法

把荳腐乾用廚刀切成薄片。裝在洋盆裏面。加入醬油蔴油拌食。若加些白糖味亦鮮潔。

附注

本食品最好和油汆果肉同食。晨間用以佐粥味美絕倫。這個就是叫做素火腿相傳爲金聖嘆所發明的。

第七種　拌黃瓜片

作料

黃瓜二條。　菜油二兩。　白糖半兩。　蔴油二錢。

用具

鍋一只。　爐一只。　廚刀一把。　缽一個。　洋盆一只。　筷一雙。

方法

把黃瓜用廚刀切成二爿。挖去他的子。再切成薄片。倒入缽內用鹽擦去其汁用水過清。上加白糖再把油鍋燒熱以油澆入瓜片內用筷拌和。即可供食清脆可口。

七

附注

　　將黃瓜挖去子的時候。或用手指。或用銅錢均可隨意適用。

　　　　第八種　醃膠菜

作料

　　膠菜半斤。　白糖一兩。　食鹽半兩。　陳醋二錢。

用具

　　厨刀一把。　洋盆一只。

方法

　　把膠菜洗淨。最好取心用厨刀切成細屑。拌以食鹽隔了片時。再以白糖陳醋一同拌和。即可供食味的酸美眞正好哪。

附注

　　膠菜產在膠州。一名白菜。又名黃芽菜。然皆不及膠州出產的好。

第九種　醃蘿蔔絲

作料

蘿蔔二個。　菜油二兩。　食鹽半兩。　葱二枝。　白糖二錢。

用具

鍋一只。　爐一只。　厨刀一把。　刮鉋一個。　缽一個。　洋盆一只。

方法

先把蘿蔔用水洗淨將刮鉋刮去他的皮。以厨刀切成細絲倒入缽中。擦以食鹽担去辣水再加葱屑白糖然後將油鍋燒熱以熱油澆入拌和。裝入洋盆裏面便可食了。

附注

若加入陳酸醋及蔴油味亦良佳。

第十種　醃洋胡蘿蔔

作料

紅蘿蔔二個。　白糖半兩。　醬油一兩。　蔴油二錢。　陳醋半兩。

用具

厨刀一把。　洋盆一只。

方法

把小紅蘿蔔的兩端。用厨刀切去一薄片。再用刀背扁敲。使他分裂成幾小塊。然後裝入洋盆裏面。上面加糖用醬油蔴油陳醋拌和。等他透味。便可食了。

附注

紅蘿蔔以產自北方而鮮紅者爲佳。

第十一種　拌粉皮

作料

粉皮一斤。　黃瓜一條。　醬油一兩。　蔴油二錢。　芥辣油一匙。

用具

厨刀一把。　洋盆一只。

方法

把粉皮用厨刀切成細絲。在熱水中揑清。再把黃瓜去子切絲。用鹽擦去汁水同入盆中然後拌以醬油蔴油芥辣油等卽可食了。

附注

粉皮以綠荳粉做成的。法以綠荳浸一夜入磨擦細。在絹篩內瀝清候用。

第十二種　醃馬蘭頭

作料

馬蘭頭一斤。　菜油二兩。　食鹽一兩。　白糖二錢。

二

用具

鍋一只。　爐一只。　厨刀一把。　洋盆一只。

方法

把馬蘭頭揀去根及枯葉入鍋加水燒透再撈起揎去水汁用清水過清。分成數團用厨刀切成細屑卽將食鹽拌和並澆以熱油再加以白糖。然後裝入盆中便可食了。

附注

焯馬蘭頭的時候燒透卽可撈起。不可燜在鍋裏否則他的色澤就要發黃了。

第十三種　醃黃荳芽

作料

黃荳芽一斤。　醬油四兩。　食鹽二兩。　香精半斤。

用具

鍋一只。　爐一只。　鏟刀一把。　缽頭一個。　麻布袋一個。

方法

先把黃荳芽揀淨根污。用清水洗過一次。和清水入鍋燒一透。加下醬油食鹽。再燒一透。然後鏟入缽裏中挖一潭。以香糟藏入麻布袋的裏面。置於缽的中間用蓋蓋緊。時隔一二小時之久卽可食了。

附注

清香異常宜於夏日。

第十四種　醃磨腐

作料

磨腐一塊。　薑屑半匙。　醬油一兩。　蔴油二錢。

用具

一三

厨刀一把。 瓷碗一只。 筷一雙。

方法

把腐腐用厨刀切成小方塊。盛在瓷碗裏面。再把薑屑醬油蔴油。倒入碗中用筷拌和。味之清爽異乎尋常。

附注

本食品若拌入香椿頭榨菜等再食味也良好。

第十五種 醃薹荳瓣

作料

新薹荳半斤。 醬油二兩。 蔴油二錢。

用具

鍋一只。 爐一只。 洋盆一只。

方法

心一堂 飲食文化經典文庫

把新薑荳從莢中擠出。再剝去荳殼。放在飯鍋上蒸酥。俟冷。拌以醬油麻油等。醮而食之。甚覺香爽。

附注

本食品若摻入芥辣粉少許。又覺鮮美。

第十六種　拌洋菜

作料

洋菜半兩。　毛荳子一杯。　扁尖半兩。　醬油二兩。　麻油二錢。

用具

鍋一只。　爐一只。　厨刀一把。　洋盆一只。　筷一雙。

方法

把洋菜放在熱水中泡過。撈起瀝乾。用厨刀切成寸斷。再把毛荳子燒熟。扁尖撕絲。一同裝入洋盆裏面。加入醬油麻油等。用筷拌和。就可供食了。

附注

喜吃甜的可以加些白糖亦佳。按洋菜係石花菜所製成。製法用石花菜暴露使白和水煎成濃漿去其雜汁倒入長方木匣內堆齊之稻草中約曬一天即可撕開候用了。

第十七種　醃茭白

作料

茭白一捆。　白糖二錢。　醬油二兩。　蔴油二錢。

用具

厨刀一把。　洋盆一只。

方法

把茭白剝殼入鍋燒熟用厨刀橫敲一下使他內部發鬆。再用刀切成纏刀塊。然後裝入盆中。將白糖醬蔴油醃拌卽可食了。

附注

市上有的灰茭白黑點斑斑色旣不佳味也遜色。

第十八種　醃芹菜

作料

芹菜一捆。　白糖二錢。　醬油二兩。　蔴油二錢。

用具

鍋一只。　爐一只。　鏟刀一把。　厨刀一把。　洋盆一只。　筷一雙。

方法

把芹菜用筷打去他的枯葉和以清水。倒入鍋中焯一透。把鏟刀撈起。用厨刀切成寸斷裝入洋盆裏面。加以白糖醬蔴油等醃拌數次卽可食了。

附注

本食品是水芹不是藥芹。

第十九種　醃蓬蒿

作料

蓬蒿一斤。　冬笋二只。　食鹽一兩。　鎮江醋二錢。　白糖二錢。　蔴油二錢。

用具

鍋一只。　爐一只。　厨刀一把。　洋盆一只。

方法

把蓬蒿揀去泥污同清水入鍋燒了一透用冷水過清分成數團用厨刀切細再將冬笋蒸熟切成笋丁一同裝入洋盆裏面卽以食鹽陳醋白糖蔴油加入拌和食之可口清芬異常。

附註

本食品用刀時。不可切來過細以免乏味。蓬蒿即是蒿蒿。俗稱菊花菜。屬菊花科性清涼。能除火氣有清心養目的功夫味頗清香食之芬芳

第二十種　醃蒿苣笋

作料

蒿苣笋四只。　春笋二只。　食鹽一兩。　白糖二錢。　醬油二兩。　蔴油二錢。

用具

厨刀一把。　洋盆一只。

方法

把蒿苣笋用厨刀切去他的葉。再削去他的皮。然後切成緄刀塊。下以食鹽用手捏和倒去鹽汁與春笋燒熟切片後。一同裝入盆中和以白

一九

31

糖醬油蔴油味甚可口。清脆爽人。

附注

本食品不可多食。多食則損眼。俗稱瞎眼菜。

第二十一種　醃草頭

作料

草頭四兩。　醬油半兩。　食鹽一錢。　菜油一兩。　高粱燒一錢。

用具

鍋一只。　爐一只。　缽一個。　洋盆一只。

方法

把草頭摘去老頭只留嫩梗。再以醬油盛於缽中。等得油鍋燒熱鏟些醬油缽內然後把草頭倒入燒之少時加下食鹽再隔片時下以燒酒燒他二透拌入醬油缽中用筷抄和卽就味很爽脆

附注

草頭一名苜蓿。又名金花菜。嫩時則佳。開花後則不堪食了。富有蛋白質。食之頗滋補。惟多食就不易消化了。

第二十二種　醃紅花

作料

紅花半斤。　菜油二兩。　醬油一兩。　食鹽二錢。　陳黃酒二錢。

用具

鍋一只。　爐一只。　缽一個。　洋盆一只。

方法

先把紅花揀去雜草。入水洗淨。卽以油鍋燒熱。待沸。盛些醬油缽中。然後倒入紅花加食鹽黃酒連燒一二透。就可供食了。

附注

紅花產在田中農人用作肥料。我們偶而食他味甚適口。

第二十三種　醃百葉

作料

百葉四張。　食鹽二錢。　醬油一兩。　蔴油二錢。

用具

廚刀一把。　洋盆一只。

方法

把百葉用廚刀切成細絲放在熱鹼水中泡嫩加入食鹽用手揑和再行過清卽可裝入洋盆中加以醬油蔴油或加些白糖亦佳拌和後卽可食了。

附注

百葉又名千屑。又名荳腐皮。鄉人有以生百葉卷食者。蘸以醬油用以佐酒。味雖不惡。價亦極廉。然於衞生上有妨也宜少食爲是。

第二十四種　醃茅荳莢

作料

茅荳莢半斤。　食鹽二兩。

用具

鍋一只。　爐一只。　剪刀一把。　洋盆一只。

方法

把茅荳莢在莖上摘下用剪刀剪去兩端。以水洗淨入鍋加清水燒熟加以食鹽再燒一透裝入盆中便可食了。

附注

本食品在鍋中亦不可多燜多燜則色澤黃了。

第二十五種　醃乳腐

作料

荳腐十方。　食鹽半斤。　香菌湯一碗。　陳黃酒花椒橘皮若干。

用具

厨刀一把。　竹甌一只。　荷葉二張。　小氅一只。　洋盆一只。

方法

把荳腐用厨刀切成小方塊。置竹甌中。承以荷葉嚴密蓋好越十幾日出毛乃用小氅將荳腐放入每舖一層撒以食鹽然後再加以香菌湯及陳黃酒花椒橘皮等經過兩旬之久卽可食了。

附注

本食品宜於冬日。

第二十六種　炙荳腐乾

作料

白坯荳腐乾二十塊。　雪裏蕻鹽水一缽。　菜油一斤。

用具

鍋一只。　爐一只。　筷一雙。　洋盆一只。

方法

把白坯荳腐乾浸於雪裏蕻鹽水中。隔了一夜。撈起瀝乾。然後把油鍋燒熱待沸。將荳腐乾放入煎之。煎至四面皆黃卽可取食了。

附注

如與醬蔴油拌食亦好。

第二十七種　糟乳腐

作料

乳腐坯五十塊。　酒釀糟六斤。　食鹽四斤。　花椒香料若干。

用具

小缸一只。　甏一只。

方法

把乳腐坯一層。食鹽一層層層放入小缸內。用石蓋緊越期一月取出

藏甏。和以酒糟花椒食鹽等層層醃緊不可溜氣二月可食。

附注

用以佐粥尤爲相宜。

第二十八種　醬乳腐

作料

白坯荳腐乾半斤。　酒釀露一斤。　食鹽四斤。　紅麴四兩。　黃子六

兩。　陳黃酒六兩。

用具

小缸一只。　甏一只。

方法

把白坯荳腐乾用鹽一層一層醃入小缸裏面。取石壓結。約過一月。取出藏於甏內再加入紅麴黃子陳黃酒酒釀露等擋泥封口過了二個月。便可食了。

附注

用以燉荳腐尤佳。

第二十九種　醃油菜梗

作料

油菜梗四兩。　食鹽二錢。　醬油一兩。　蔴油二錢。

用具

厨刀一把。　洋盆一只。

方法

二七

把油菜梗用厨刀削去皮筋純取嫩莖擦以食鹽使他入味然後裝入洋盆裏面用醬油蔴油等醃拌形同萵苣笋味較為可口哩

附注

油菜一名薹薹俗名菜花菜。

第三十種　拌青菜

作料

青菜四兩。　百葉四張。　食鹽一兩。　蔴油一兩。　白糖二錢。

用具

鍋一只。　爐一只。　厨刀一把。　洋盆一只。

方法

先把鍋中清水燒透將青菜倒入焯熟然後過清擦以食鹽擠去汁水。用厨刀切細盛器候用再把百葉切成細絲用熱鹼水泡嫩亦以食鹽擦透。一同裝入洋盆裏面。拌以蔴油白糖卽可供食味鮮無比。

本食品普通所製大都色澤不美這是甚麽緣故呢因爲青菜不能在冷水中焯的必須將清水燒透然後放入才不致發黃哩。

第三十一種 醃西瓜皮

作料

西瓜皮一碗。　菜油二兩。　蔴菇六只。　香菌六只。　食鹽半兩。　白糖二錢。　蔴油二錢。

用具

鍋一只。　爐一只。　厨刀一把。　碗一只。　洋盆一只。

方法

把西瓜皮曬乾用厨刀切成小骰子塊醃以食鹽同在熱水裏放過之

蔴菇香菌等裝入碗內。加些食鹽白糖菜油。上鍋蒸之。蒸熟後移入洋盆裏面。滴以蔴油取而食之。別有風味。

附注

夏日食之。有清心益氣之效。再蔴菇含沙質。可用食鹽打去的。

第三十二種　搶筍

作料

新筍四只。　　榨菜半兩。　　醬油二兩。　　白糖二錢。　　蔴油半兩。

用具

厨刀一把。　　洋盆一只。

方法

把新筍帶殼埋在灶下熱火灰內。十分鐘後。取出脫殼。再用厨刀切成繩刀塊。同榨菜絲以醬油蔴油白糖拌和。味的清香鮮美可人。

附注　煨的時間。最宜當心。過焦過生皆不適宜。

第三十三種　醃榨菜

作料　榨菜二兩。　雪裏蕻半兩。　扁尖半兩。　醬油二兩。　白糖二錢。　蔴油半兩。

用具　廚刀一把。　洋盆一只。

方法　把榨菜雪裏蕻扁尖等。用廚刀切成細屑。然後裝入洋盆裏面。加以醬油白糖蔴油等拌和。取他下粥爽口異常風味絕佳。

附注

榨菜即芥辣菜。以四川爲最佳。製法將羊角菜二十斤洗淨。用刀切去硬皮老葉。掛於簷下風乾。約經五六日。用精鹽一斤醃於缸中。以手用力揉搋。再用石壓去苦汁。攤入籃中陰乾。然後另裝泡菜罈中。再加食鹽一二斤。和辣椒末五香末各若干次。第拌匀用泥缽倒置罈口。使空氣不得侵入。再加水於罈口之盤。但不可漏水。以後每隔三四天換清水一次。經過二三月卽成。

第三十四種　拌茄子

作料

茄子五只。　醬油二兩。　蔴油半兩。　甜醬半碗。　菜油半兩。

用具

鍋一只。　爐一只。　碗一只。　洋盆一只。

方法

把茄子洗淨帶皮連柄放在鍋中煮熟將茄子之汁水倒去取出撕成絲絲裝入盆中食時蘸以甜醬或醬蔴油其味頗爲鮮美

附注

若剝皮去子切爲數段其味尤佳甜醬和菜油亦須在鍋上蒸熟候用。

第三十五種　拌刀荳

作料

刀荳半斤。　醬油半兩。　蔴油二錢。　芥辣粉一匙。

用具

鍋一只。　爐一只。　碗一只。　洋盆一只。

方法

把刀荳去柄倒入清水鍋中燒透數透之後已熟撈起瀝乾裝入盆中。以醬油蔴油芥辣粉拌和卽可進食了。

心 一 堂 飲 食 文 化 經 典 文 庫

第三十六種 醃枸杞頭

作料

枸杞頭半斤。　菜油二兩。　食鹽半兩。　白糖二錢。　蔴油二錢。

用具

鍋一只。　爐一只。　洋盆一只。

方法

把枸杞頭揀洗潔淨。倒入鍋中焯一透。撩起盛於盆中。和以食鹽白糖蔴油等用熱油澆之。就可進食了。

附注

常食功能明目。蘇州人尤嗜之。

附注

如不喜食辣者可酌量增減。

第三十七種　醃灰料頭

作料

灰料頭半斤。　菜油二兩。　食鹽半兩。　蔴油二錢。　白糖二錢。

用具

鍋一只。　爐一只。　洋盆一只。

方法

把灰料頭同稻柴灰。再和些水擦他一下。然後過清。入鍋婞透和以白糖食鹽蔴油等。用熱油澆之便可食了。

附注

或煮食之亦可。

第三十八種　燒沿籬荳

作料

沿籬荳半斤。　菜油二兩。　食鹽半兩。　新醬一匙。　白糖二錢。　蔴油二錢。

用具

鍋一只。　爐一只。　洋盈一只。

方法

把沿籬頭撕去細筋用水洗淨倒入熱油鍋中燒之少時下以清水食鹽新醬等燒了二透加白糖和味起鍋滴入蔴油味香可口。

附注

沿籬荳有人參沿籬荳猪血沿籬荳猪油沿籬荳筤箕沿籬荳數種。

第三十九種　燒長荳

作料

長荳一柴。　菜油二兩。　食鹽二錢。

心一堂　飲食文化經典文庫

用具

鍋一只。　爐一只。　剪刀一把。　洋盆一只。

方法

把長荳用剪刀剪成寸斷洗淨後倒入熱油鍋中燒之霎時下以食鹽及清水少許關蓋再燒二透卽可進食了。

附注

長荳有紅的白的二種他的性子粳糯各別隨人所喜就是了。

第四十種　拌絲瓜

用具

陳醋少許。

作料

絲瓜四條。　食鹽二錢。　菜油一兩。　白糖二錢。　蔴油二錢。　薑屑鍋一只。　爐一只。　甑一只。　厨刀一把。　洋盆一只。

方法

把絲瓜刮去他的皮醃以食鹽推入甑中曬之。曬乾後用厨刀切成小骰子塊加白糖菜油入鍋蒸之。然後裝入洋盆中和以蔴油薑屑陳醋等食之肥嫩異常。

附注

本食品若多的時候。可以嚴藏甏內。隨時取食。

第四十一種　素炙骨

作料

油泡二十個。　嫩藕二枝。　菜油一斤。　陳醋二錢。　白糖二錢。　蔴油二錢。　青蔥三枝。　甜麪醬半兩。

用具

鍋一隻。　爐一隻。　鐵絲爪籬一個。　廚刀一把。　洋盆一隻。

方法

先把油泡用廚刀切成長條。再把藕切成小長條。然後用油泡包住卽將油鍋燒熱倒入衆黃速卽用鐵絲爪籬撈起瀝乾油汁。再用陳醋白糖葱屑甜麪醬等拌和另加蔴油便可食了。

附注

素炙骨又名糖醋排骨。藕遇鐵器湯汁必黑可用銅刀代他。

第四十二種　素鱔魚

作料

麪筋半斤。　荳油一斤。　白糖半兩。　陳醋四錢。

用具

鍋一隻。　爐一隻。　廚刀一把。　洋盆一隻。

方法

把麪筋瀝成一箇小圑作方形投下。歇了片時撈起。用厨刀切碎像鱶魚一樣窄狹。再用白糖陳醋拌和卽可供食味的香脆異乎尋常

附注

本食品比較眞鱶魚的味道有過之無不及。

第四十三種 荳腐鬆

作料

荳腐四塊。　菜油二兩。　醬瓜二塊。　醬薑二塊。　白糖二錢。　乳腐半杯。　蔴油二錢。

用具

鍋一只。　爐一只。　絹袋一箇。　鑷刀一把。　洋盆一只。

方法

把荳腐放在鍋中。用水燒了三四小時。然後用絹袋擠去汁水。卽將油鍋燒熱倒下炒之。少時下以醬瓜醬薑再炒數下。再加白糖乳腐鹵食時。滴入蔴油味美適口。

附注

本食品的味道較眞的肉鬆爲美。

第四十四種　蘿蔔鬆

作料

蘿蔔四個。　菜油二兩。　食鹽一兩。　白糖二錢。　靑葱三枝。

用具

鍋一只。　爐一只。　推鉋一箇。　洋盆一只。

方法

先把蘿蔔在推鉋上推成細絲和些食鹽揑去辣水分作幾團再將油

四一

鍋燒熱倒下煎之少時摻下食鹽再炒幾下以白糖葱屑加入霎時便可起鍋了。

附注

本食品比較腐鬆味稍遜色。

第四十五種　醃素皮蛋

作料

製大頭菜二箇。

用具

厨刀一把。　洋盆一只。

方法

把製大頭菜外面用水洗白。然後用厨刀切成皮蛋狀。裝入洋盆裏面。均勻推開卽可供食。

本食品貌雖是而味殊鹹。

第四十六種　醃香菜梗

作料

白菜一斤。　食鹽一兩。　辣虎半杯。　黑白芝蔴三合。

用具

厨刀一把。　木盆一只。　瓦罎一箇。　大石子一塊。　油紙一小張。

洋盆一只。

方法

把白菜剝去外葉。在葉梗相連處。用厨刀切斷。留梗去葉壓去水汁橫切細絲放入木盆內加以食鹽辣虎用力揉搓。再下以炒熟的黑白芝蔴。然後裝入瓦罎中緊緊壓實。上面加食鹽舖滿。將大石子塞緊蓋上油紙擋以黃泥半月可食。

附注

白菜不可豎切。豎切是有筋的。

第四十七種　拌菜梗

作料

青菜四兩。　食鹽半兩。　蔴油一兩。　醬油一兩。

用具

厨刀一把。　洋盆一只。

方法

把青菜去葉剩梗。切作四分闊六分長。以食鹽拌透。隔了一小時搦去水汁。然後用蔴油拌過。再加醬油味道極佳。

附注

本食品若先拌醬油再拌蔴油則不入骨了。

第四十八種　醃白菜梗

作料

白菜一斤。　菜油半兩。　食鹽半兩。

用具

鍋一只。　爐一只。　厨刀一把。　鏟刀一把。　瓦罐一箇。　洋盆一只。

方法

把白菜去葉純取其梗用厨刀切之爲片長約一寸闊三四分。放入鍋內。加些清水及菜油食鹽等用鏟炒菜。約四五分鐘盛起藏入瓦罐中。用蓋緊緊蓋着隔了一天卽可食味頗佳。

附注

菜的味道鮮嫩可口。

第一輯　冷盆類

四五

素食譜

第四十九種　荳腐生

作料

荳腐二塊。　大蒜十枝。　醬油一兩。　蔴油半兩。

用具

洋盆一只。　筷一雙。

方法

把荳腐用水過清。再把大蒜洗淨用力搗爛成泥。放入荳腐內。加下醬油蔴油用筷攪和卽可佐粥自覺適口。

附注

本食品爲夏令佳品。

第五十種　燙青蒜

作料

青蒜十枝。　醬油半兩　蔴油二錢。

用具

厨刀一把。　洋盆一只。

方法

把青蒜連葉帶莖用清水洗淨浸入熱滾水中。時約五六分鐘撈起用厨刀切成半寸長再用醬油蔴油拌和味尤旨。

附注

本食品的味道不亞於早韭。

第二輯　熱炒類

第一種　炒蔴菇

作料

蔴菇一兩。　木耳十只。　香菌十只。　菜油二兩。　醬油一兩。　食鹽二錢。　白糖二錢。　蔴油二錢。

用具

鍋一只。　爐一只。　碗一只。　鏟刀一把。　洋盆一只。

方法

先把蔴菇用熱滾水放好。用食鹽擦去沙質洗淨倒去黑脚。然後入熱油鍋內。以鏟刀鏟炒。霎時再倒入放好的木耳香菌和他的汁水同醬油食鹽等一透以後加糖嘗味起鍋滴入蔴油味更出色。

附注

本食品的湯水宜緊不宜多。有隨園癖者請注意啊。

　　第二種　炒冬菇

作料

冬菇十只。　菜油二兩。　金針菜一兩。　荳腐二塊。　扁尖半兩、醬

心一堂　飲食文化經典文庫

油一兩。　食鹽二錢，　白糖二錢。　蒸粉半杯。　蔴油二錢。

用具

鍋一只。　爐一只。　碗一只。　刀一把。　洋盆一只。

方法

把冬菇放淨。倒入熱油鍋內。用鏟亂炒。片時拿放好的金針菜扁尖和切成小方塊的荳腐。一同下鍋。再將醬油食鹽放入一透以後掺下白糖傾下蒸粉。看見汁已濃厚即可起鍋外加蔴油。香鮮無比。

附注

本食品可以湯汁寬些。以便著膩之用。

第三種　炒三鮮

作料

油荳腐二十箇。　菜油二兩。　笋乾半兩。　木耳半兩。　香菌半兩。

醬油一兩。　食鹽二錢。　白糖二錢。　蔴油二錢。

用具

鍋一只。　爐一只。　碗一只。　剪刀一把。　厨刀一把。　刀一把。

洋盆一只。

方法

把油荳腐用剪刀。每箇剪成四塊。笋乾先三日放胖用厨刀切成細絲。木耳香菌亦用熱水放好然後將鍋燒熱下以菜油待出青煙至沸時以油荳腐笋乾木耳香菌等倒下引鑊炒之少時下食鹽醬油淸水閉蓋再燒經過十分鐘加糖和味食時再加蔴油以引香味味鮮無埒。

附注

笋乾同芝蔴同煮則易爛。

第四種　炒素肉

作料

麪筋一斤。　金針菜一兩。　木耳十只。　嫩笋三只。　菜油四兩。醬油三兩。　食鹽二錢。　冰糖半兩　蔴油二錢。

用具

鍋一只。　爐一只，　厨刀一把。　鏟刀一把。　洋盆一只。

方法

先把麪筋用厨刀切成薄片。作肉片狀。再把金針菜木耳在熱水中放好。笋脫殼切成薄片盛器候用。然後將油鍋燒熱把麪筋煎透放入金針菜木耳笋醬油食鹽等。關蓋再燒。二透以後加糖嘗味。即可起鍋。滴入蔴油味又香美當不下豬肉哩。

附注

杜園麪筋的製法。就是用麩皮拌濕後。放入木盆中。用脚踏凝。然後置籃中。入水洗汰卽成。

第五種　炒素鷄

作料

百葉八張。　扁尖半兩。　木耳半兩。　冬菰半兩。　醬油二兩。　食鹽二錢。　菜油二兩。　白糖二錢。　蒸粉半杯。　蔴油二錢。

用具

鍋一只。　爐一只。　鏟刀一把。　厨刀一把。

方法

把百葉四張疊齊紮緊用力壓結入鍋燒熟用厨刀去縛切成鷄片再把鐵鍋燒熱下以菜油待至發沸倒入亂炒關鍋蓋再燒三透開蓋加糖然後用蒸粉調成薄漿注入鍋中引鏟徐徐擾攪汁至濃厚速卽起鍋。再加蔴油味頗清雅。

百葉裹紮易破。可先以熱鹼水泡清。始不致坐此弊病。

第六種　炒素鵝

作料

山藥半斤。　荳腐衣十張。　菜油四兩。　黃酒半兩。　醬瓜四塊。　醬薑四塊。　白糖半兩。　蔴油一兩。

用具

鍋一只。　爐一只。　竹刀一把。　鏟刀一把。　洋盆一只。

方法

先把山藥洗淨用竹刀削去他的皮。入鍋燒熟。切成寸段。然後以荳腐衣包裹成卷狀。倒入熱油鍋中煎透。下以黃酒。霎時下以醬瓜醬薑卽可加糖和味起鍋滴以蔴油。食之香脆可口。

附注

山藥需肥大而肉色潔白者。方堪供用。

第七種　炒素鴨

作料

千層二十張。　菜油四兩。　醬油一兩。　赤砂糖一兩。　蔴油一兩。

花椒二錢。

用具

鍋一只。　爐一只。　厨刀一把。　鏟刀一把。　洋盆一只。

方法

把千層放入熱鹼水內泡浸。使他發嫩。然後撈起吹乾。以醬油赤砂糖蔴油花椒等一同傾入碗內泡以開水使成濃汁再一張一張的塗抹疊起來。約成二三寸厚。摺疊成卷闊約寸許。倒入熱油鍋煎之。待他四面黄透即可切成鴨塊。裝入洋盆裏面再要滴入蔴油以引香頭味很香甜。別具風味。

附注

如喜食辣者加辣。喜食醋者加醋。喜食甜者加甜醬味均良佳。

第八種　炒素肉圓

作料

荳腐四塊。　荳腐衣五張。　菜油四兩。　嫩笋二只。　香菌半兩。　木耳半兩。　醬油二兩。　食鹽二錢。　菜心五兩。　白糖二錢。　蔴油二錢。

用具

鍋一只。　爐一只。　絹袋一只。　厨刀一把。　洋盆一只。

方法

把荳腐用絹袋擠乾汁水。再把香菌木耳用水放好。與筍脫殼後一同用厨刀切成細屑。和以醬油食鹽將荳腐拌在一起。然後用厨刀切碎荳腐衣。逐個包成圓形。即可燒熱油鍋倒入煎透。四面煎黃後下些食鹽裝時再加醬油菜心燒二透。加白糖味和即可起鍋。另加蔴油即可食了。

附注

本食品的大小需和肉圓一箇樣子。方不負他的名目哩。

第九種　炒素海參

作料

荳粉一升。　芝蔴六合。　筍乾二兩。　金針菜二兩。　扁尖二兩。　菜油四兩。　醬油四兩。　食鹽二錢。　白糖四錢。　砂仁末一錢。　蔴油二錢。

用具

鍋一只。　爐一只。　碾缽一箇。　竹爪篱一只。　木盤一只。　鏟刀一把。

方法

先把芝蔴在碾缽內碾細入鍋和水。燒他一透以爪篱撩起他的渣滓。平鋪在木盤的底裏。即將荳粉倒下鍋中微微攪和下些醬油見他濃厚。用鏟鏟入木盤裏面。候冷用厨刀切成長條。再斷作海參狀然後將放好的筝乾金針菜扁尖等。倒入熱油鍋中用鏟翻覆亂炒。過了十分鐘下以醬油食鹽及水蓋蓋燒他二透再下以海參燒了一透。加糖和味摻入砂仁末。食時滴以蔴油味亦不惡云。

附注

芝蔴須用黑的。白的不可用。

第十種　炒素鱔絲

作料

冬菰十只。　嫩笋二只。　菜油二兩。　荳粉一錢。　食鹽二錢。　醬油

二兩。　白糖二錢。　蒸粉半杯。　蔴油二錢。

用具

鍋一只。　爐一只。　厨刀一把。　鏟刀一把。　洋盆一只。

方法

先把冬菰放好。用厨刀切成細條。四周拌以荳粉。加些食鹽即可在熱

油鍋中氽之。氽黃撈起。再把笋脫殼切成薄片。然後燃火燒熱油鍋。將

素鱔倒入炒了幾次。加笋食鹽醬油及清水。關蓋燒了一透嘗味和糖。

再以荳粉和水傾入。徐徐炒和。見他已成濃汁。卽可鏟起。加蔴油供

食。

附注

味雖遜於黃鱔而形狀却是一樣的。

第十一種　炒十錦

作料

油麪筋十箇。　蔴菇十只。　冬菰十只。　香菌十只。　扁尖一兩。人

參條十只。　白菓十箇。　茅荳子一杯。　荳腐衣四張。　白笋二只。

菜油四兩。　醬油三兩。　白糖四錢。　蔴油四錢。

用具

鍋一只。　爐一只。　厨刀一把。　鏟刀一把。　洋盆一只。

方法

先把蔴菇冬菰香菌扁尖白菓等。用熱水先時放好。再把油麪筋白笋

用厨刀切片荳腐衣切絲拿菜油入鍋燒他至沸卽將十樣東西倒下

攪炒。約七八分鐘下以醬油清水。（蔴菇等湯汁尤佳）關鍋蓋再燒。

燒了二透加糖和味。一透卽就起鍋需下蔴油香頭味的鮮美介三鮮
而上之。

附注

人參條是荳腐做的無錫有售。

第十二種　炒粉皮

作料

粉皮四張。　雪裏蕻一兩。　菜油半兩。　食鹽三錢。　蔴油二錢。

用具

鍋一只。　爐一只。　厨刀一把。　鏟刀一把。　洋盆一只。

方法

把粉皮先用厨刀切成長條。在熱水中泡浸。然後撩起切成長條倒入
油鍋中引鏟亂炒。再下雪裏蕻和食鹽。再炒片時便可起鍋食時加蔴

油。

附注

粉皮自己亦可製造。在市上買蒸粉若干。用銅鍋在熱水中燙之即成。

第十三種　炒芹菜

作料

芹菜一捆。　荳腐乾四塊。　菜油二兩。　醬油半兩。　食鹽一錢。　白糖二錢。　蔴油二錢。

用具

鍋一只。　爐一只。　厨刀一把。　鏟刀一把。　洋盆一只。

方法

把芹菜揀去枯莖入水洗淨。用厨刀切成寸斷。即將油鍋燒熱。傾入亂炒少時。下以荳腐乾醬油食鹽等燒了一透。加糖和味。滴下蔴油即可供食了。

附注

芹菜俗稱杏芹。有水芹旱芹兩種水芹屬繖形科中含鐵質食之有澄清血液之效旱芹屬辛香科富有香味食之有養精益氣之功。

第十四種　妙辣茄

作料

辣茄三兩。　菜油半兩。　荳腐乾四塊。　茅荳子半杯。　醬油二錢。

食鹽一錢。

用具

鍋一只。　爐一只。　厨刀一把。　鏟刀一把。　洋盆一只。

方法

把辣茄用厨刀切成兩爿。刮去他的白子和荳腐乾一同切成細絲。再將油鍋燒熱倒下炒之。少時。加荳腐乾茅荳子醬油食鹽等燒了一透。

速卽起鍋供食。

附注

辣茄需用靑而嫩的。

第十五種　炒新蠶荳子

作料

新蠶荳子一大碗。　春筍二只。　菜油一兩。　食鹽半兩。

用具

鍋一只。　爐一只。　鏟刀一把。　洋盆一只。

方法

把新蠶荳子在荳莢殼內用三指擠出。盛於碗中。卽以油鍋燒熱加以

食鹽倒入亂炒片時。再加筍片和清水少許關蓋再燒三透起鍋供食。

第十六種　炒蠶荳瓣

作料

蠶荳半升。　雪裏蕻二兩。　菜油三兩。　醬油一兩。　食鹽二錢。　白糖二錢。

用具

鍋一只。　爐一只。　厨刀一把。　鏟刀一把。　洋盆一只。

方法

把荳瓣先在清水中浸一夜。隔日撩起。剝去荳殼置於碗中卽將油鍋燒熱倒下炒之。先下以鹽再下以切細的雪裏蕻和醬油等蓋蓋再燒二透。加糖和味味甚鮮美。

附注

如加入嫩青菜少許亦佳、

附注

剝成荳瓣後最好在鍋上蒸頓然後再炒。

第十七種　炒青菜

作料

青菜六兩。　油荳腐十箇。　菜油一兩。　醬油一兩。　食鹽一錢。

用具

鍋一只。　爐一只。　厨刀一把。　洋盆一只。

方法

把青菜揀淨用厨刀切成細屑。再把油荳腐切片。然後燒熱油鍋摻下食鹽速即倒下炒之片時加油荳腐醬油和清水少許再燒二透卽可食了。

附注

不可多燜多燜靑菜要黃了。

第十八種　炒東瓜

作料

東瓜半斤。　菜油一兩。　醬油一兩。　白糖二錢。　蔴油二錢。

用具

鍋一只。　爐一只。　刮鉋一筒。　厨刀一把。　洋盆一只。

方法

把東瓜用刮鉋刮去皮子用厨刀切成長方塊再把油鍋燒熱倒入煎透片時下以醬油淸水再燒二透和味起鍋滴以蔴油淸爽可口。

附注

若加入和頭如香菌木耳等味亦良佳。

第十九種　炒白菜

心一堂　飲食文化經典文庫

作料 白菜六兩。 菜油半兩。 醬油四錢。 白糖二錢。

用具 鍋一只。 爐一只。 厨刀一把。 洋盆一只。

方法 把白菜用厨刀切成細條後卽將油鍋燒熱以白菜倒入亂炒便卽傾下醬油清水一透加糖再透便就。

附注 酌加鹽料皮少許味甚香美。

第二十種 炒茭白

作料 茭白六個。 菜油半兩。 醬油四錢。 白糖二錢。 蔴油二錢。

用具

鍋一只。　爐一只。　厨刀一把。　洋盆一只。

方法

把茭白剝去他的殼。用厨刀切成細絲。然後把油鍋燒熱將茭白絲倒下炒之。霎時加醬油再燒一透下糖和味。滴以蔴油便可供食。

附注

茭白須用淸白的。

第二十一種　炒蘿蔔絲

作料

蘿蔔二箇。　菜油半兩。　醬油四錢。　白糖二錢。　青葱二枝。

用具

鍋一只。　爐一只。　刮鉋一箇。　厨刀一把。　洋盆一只。

方法

把蘿蔔用水洗淨。用刮鉋刮去他的皮。再用廚刀斜切薄片。再切成絲。然後入油鍋炒之少時。下以醬油和味。加白糖蔥屑即可食了。

附注

蘿蔔勿取空心爲是。

第二十二種　炒蔥荳腐

作料

荳腐四塊。　胡蔥十枝。　菜油二兩。　醬油一兩。　白糖二錢。

用具

鍋一只。　爐一只。　廚刀一把。　洋盆一只。

方法

把荳腐用廚刀切成小方塊後。即將油鍋。燃火燒熱。待沸倒入煎之等他黃透卽下以胡葱醬油。再將清水倒下。蓋鍋蓋。再燒二透下以白糖。味和之後便可供食。

附注

胡葱需切成寸斷為是。

第二十三種 炒磨腐

作料

磨腐四塊。　菜油二兩。　食鹽一錢。　蔴油二錢。

用具

鍋一只。　爐一只。　厨刀一把。　鏟刀一把。　洋盆一只。

方法

把磨腐用厨刀切成棋子塊。卽將鐵鍋燒熱。下以菜油。然後倒入炒之。少時放下醬油食鹽。卽可起鍋盛在洋盆裏面滴下蔴油味嫩逾常。

附注

本食品宜於老人食之。

第二十四種　炒茄子

作料

茄子五只。　菜油二兩。　醬油二兩。　食鹽一錢。　陳黃酒半兩。　甜

蜜醬二匙。　白糖二錢。　蔴油二錢。

用具

鍋一只。　爐一只。　厨刀一把。　鏟刀一把。　洋盆一只。

方法

把茄子去柄洗淨。用厨刀切成纏刀塊。倒入油鍋中炒之。霎時下以陳

黃酒再加食鹽醬油甜蜜醬等。燒了二透。加入白糖卽可起鍋滴入蔴

油。便可食了。

83

附注

如加些韭菜炒之味亦佳。

第二十五種　炒雪笋

作料

雪裏蕻四兩，　春笋四兩。　茅荳子半杯。　菜油一兩。　醬油一兩。

白糖二錢。　蔴油二錢。

用具

鍋一只。　爐一只。　厨刀一把。　鏟刀一把。　洋盆一只。

方法

把雪裏蕻用厨刀切成細屑。再把笋剝殼。切成小骰子塊。然後燒熱鐵鍋。下以菜油。待他沸騰。卽將雪笋茅荳子倒入。用鏟攪炒。約三分鐘加以醬油。再關鍋蓋。燒了一透。和以白糖味。和以後。卽可起鍋。盛於洋盆裏面。另加蔴油。鮮美得很。

雪裏蕻需用醃的。否則淡而乏味。

第二十六種　炒夏大蒜

作料

夏大蒜半斤。　菜油一兩。　陳黃酒半兩。　醬油一兩。　白糖二錢。

用具

鍋一只。　爐一只。　厨刀一把。　鏟刀一把。　洋盆一只。

方法

把夏大蒜洗淨。用厨刀切去根鬚。再將梗切成寸斷。然後將油下鍋中。燒他極熱。卽以夏大蒜倒入用鏟刀攪炒。約三分鐘下以陳黃酒。待時。加以醬油。微下清水。關鑊蓋再燒。加入白糖數透卽就。

附注

用蒜苗亦可如法製的。

第二十七種　炒莧菜

作料

莧菜十兩。　大蒜頭四箇。　菜油一兩。　陳黃酒半兩。　醬油一兩。

白糖二錢。

用具

鍋一只。　爐一只。　鏟刀一把。　洋盆一只。

方法

把莧菜揀淨。大蒜頭去殼。剝成小瓣。即將油鍋燒熱。將莧菜大蒜頭倒下用鏟刀攪炒。少時下陳黃酒再隔片時下醬油一透和味即可供食。

附注

用野莧菜亦佳。

第二十八種　炒榨菜

作料

榨菜半斤。　扁尖二兩。　菜油一兩。　陳黃酒半兩。　醬油一兩。　白糖二錢。　蔴油二錢。

用具

鍋一只。　爐一只。　厨刀一把。　鏟刀一把。　洋盆一只。

方法

把榨菜用厨刀切成細條。約一寸長。再把扁尖放好撕成細絲。然後下以菜油燃火燒熱油鍋倒入用鏟炒之霎時下以陳黃酒再下以醬油燒了一透加糖嘗味起鍋滴入蔴油香脆異常。

附注

第二十九種　炒芥藍菜

作料

芥藍菜十二兩。　菜油一兩。　醬油一兩。　陳黃酒半兩。

用具

鍋一只。　爐一只。　厨刀一把。　鏟刀一把。　洋盆一只。

方法

把芥藍菜去梗洗淨。用厨刀切碎後。卽將油鍋燒熱。倒下炒之。約三分鐘下醬油再炒片刻下陳黃酒俟燒熟後起鍋時再加些黃酒便覺芬香逾常了。

附注

本食品閩人多食之。喜食辣者加辣油更佳。

第三十種　炒芥菜

作料

芥菜半斤。　春笋四只。　菜油一兩。　陳黃酒半兩。　醬油一兩。

用具

鍋一只。　爐一只。　鏟刀一把。　洋盆一只。

方法

把芥菜用清水洗淨春笋剝殼用厨刀切片後同入油鍋煎之約五分鐘下以陳黃酒再下以醬油數透卽就。

附注

燒時若加以橄欖油少許其味更佳。

第三十一種　炒菠菜

作料

菠菜半斤。　菜油一兩。　陳黃酒半兩。　醬油一兩。

用具

鍋一只。　爐一只。　鏟刀一把。　洋盆一只。

方法

把菠菜揀洗潔淨入燒熱之油鍋中用鏟炒之看他稍爛下以陳黃酒。再燒一透倒入醬油再燒數透即可食了。

附注

菠菜一名紅嘴綠鸚哥根有甜味爲人所喜食。

第三十二種　炒百葉

作料

百葉六張。　蘿蔔二箇。　菜油半兩。　醬油半兩。　辣虎醬半匙。

用具

鍋一只。　爐一只。　廚刀一把。　鏟刀一把。　洋盆一只。

方法

把百葉在熱水中泡浸。用廚刀切成細絲。把蘿蔔刮皮切片後。再切成絲。然後將油鍋燒熱。一同倒入攪炒。雲時以醬油倒下關鍋蓋用文火燜爛。下以辣虎醬卽可鏟起。食之別有風味

附注

百葉可在鹼水內捏過質易較嫩。

第三十三種　炒蓬蒿菜

作料

蓬蒿菜半斤。　菜油一兩。　陳黃酒二錢。　醬油半兩。　食鹽二錢。

用具

鍋一只。　爐一只。　鏟刀一把。　洋盆一只。

方法

把蓬蒿菜揀淨後卽將油鍋燒熱。先下鹽投下。再以蓬蒿菜連手倒下。用鏟炒攪。雲時下以陳黃酒。再下以醬油關鍋蓋再燒一透卽就。

附注

如嫌鹹加白糖。從事者可隨心行之。

第三十四種　炒笋絲

作料

冬笋四只。　扁尖半兩。　香菌半兩。　菜油一兩。　醬油一兩。　白糖二錢。　蔴油二錢。

用具

鍋一只。　爐一只。　厨刀一把。　鏟刀一把。　洋盆一只。

方法

先把冬笋脫去他的殼用厨刀切成細絲再把扁尖香菌用熱水放胖扁尖撕絲香菌切碎然後將油鍋燒熱即倒下攪炒霎時下以扁尖香菌同時再加醬油清水再關鍋蓋燒一透便下白糖味和了滴入蔴油即可供食。

如用春笋白笋亦可。

第三十五種　炒荳腐乾

作料

荳腐乾八塊。　鹽大頭菜一簡。　菜油一兩。　陳黃酒二錢。　醬油一兩。　白糖二錢。　蔴油二錢。

用具

鍋一只。　爐一只。　厨刀一把。　鏟刀一把。　洋盆一只。

方法

把荳腐乾用厨刀切成細絲。再把鹽大頭菜亦如之。即將油鍋燒熱倒入炒透加上陳黃酒再加醬油燒了一透和糖嘗味起鍋滴入蔴油食之令人神往。

附注

本食品以香荳腐乾爲最好。

第三十六種 炒韮菜

作料

韮菜半斤。 百葉八張。 菜油二兩。 陳黃酒二錢。 食鹽半兩。

用具

鍋一只。 爐一只。 厨刀一把。 鏟刀一把。 洋盆一只。

方法

把韭菜揀淨。用刀切成寸斷。再把百葉切成細條。在鹼水內浸過。然後燃火燒熱油鍋及沸。先以鹽投下急以韭菜倒下引鑊亂炒待他脫生加入陳黃酒雲時再加百葉食鹽微下以水二透卽可起鍋供食了。

附注

再加些葱屑亦佳。

第三十七種　炒番瓜

作料

生番瓜半斤。　菜油二兩。　食鹽一錢。　白糖一錢。　蔴油一錢。

用具

鍋一只。　爐一只。　厨刀一把。　刮鉋一箇。　鏟刀一把。　洋盆一只。

方法

把番瓜洗淨。用刮鉋刮去他的皮。用厨刀破開去子。再切成細絲卽將油鍋燒熱。倒入用鏟不停手的亂炒。約三分鐘摻以食鹽再加白糖少許卽可鏟起盛於盆中灑入蔴油卽可供食了。

附注

番瓜又叫南瓜。需用生的。

第三十八種　炒荳腐衣包素

作料

荳腐衣二張。　荳腐一塊。　木耳八只。　香菌八只。　豌荳子半杯。　嫩笋一只。　菜油一兩。　食鹽一錢。　醬油一兩。　白糖一錢。　蒸粉小牛杯。　蔴油一錢。

用具

鍋一只。　爐一只。　厨刀一把。　鏟刀一把。　洋盆一只。

方法

把荳腐衣用廚刀切成小方塊。以拌和之荳腐木耳屑香菌屑筍屑食鹽菜油等一同包之包成卷狀卽將油鍋燒熱以包素倒入炒之見已黃透加下醬油及豌荳子筍片等。卽二透和味再行着膩卽就滴入蔴油。味香而濃厚。

附注

豌荳是裝觀瞻之用。

第三十九種　炒玉蜀黍梗

作料

玉蜀黍嫩梗四兩。　香菌十只。　木耳十只。　菜油一兩。　醬油一兩。蔴油一錢。　白糖一錢。　蒸粉半杯。

用具

鍋一只。　爐一只。　廚刀一把。　鏟刀一把。　洋盆一只。

方法

把嫩小玉蜀黍剝殼去子。將嫩梗用厨刀切成薄片。然後燒熱油鍋。倒下炒之少時下醬油香菌木耳清水等燒透和味旋卽著膩加入蔴油。卽可喫了。

附注

本食品用苞粒未飽綻者爲佳。

第四十種　炒麪筋包素

作料

麪筋三塊。　荳腐三塊。　木耳十只。　香菌十只。　金針菜半兩。　茅

荳子一杯。　食鹽二錢。　醬油二兩。　白糖二錢。　蔴油二錢。　蒸粉

半杯。　菜油二兩。

用具

鍋一只。　爐一只。　厨刀一把。　鏟刀一把。　洋盆一只。

方法

先把荳腐木耳屑香菌屑金針菜屑食鹽菜油等拌和。再將麪筋包裹成湯糰狀。然後燒熱油鍋。倒入煎之。煎他四面黃透卽可加入醬油及茅荳子微下清水燒他一透。和糖加膩卽可起鍋。再加蔴油味之鮮美。洵蓯以加矣。

附注

如不著膩亦佳。

第四十一種　炒百葉包素

作料

百葉四張。　荳腐二塊。　香菌半兩。　扁尖半兩。　菜油一兩。　食鹽一錢。　醬油一兩。　白糖二錢。　蔴油二錢。

用具

鍋一只。　爐一只。　厨刀一把。　鏟刀一把。　洋盆一只

方法

把荳腐香菌屑扁尖屑等用筷拌和。加些菜油食鹽。再把百葉用厨刀切成小方塊。然後包裹成卷。倒入熱油鍋中煎透下以醬油燒透和味。卽可起鍋供食。再加蔴油其味甚美。

附注

本食品如欲着膩亦可。

第四十二種　燒荳腐乾絲

作料

香荳腐乾八塊。　陳黃酒二錢。　醬油二兩。　白糖二錢。　薑絲一匙。蔴油二錢。

心一堂　飲食文化經典文庫

用具

鍋一只。　爐一只。　厨刀一把。　洋盆一只。

方法

把荳腐乾絲加清水入鍋燒透和下陳黃酒同時再加醬油關蓋再燒了一透下糖嘗味雲時即可起鍋盛入洋盆裏面以薑絲蔴油加入味尚不惡云。

附注

荳腐乾以南京為最著名。

第四十三種　炒荳瓣酥

作料

蠶荳瓣一碗。　鹽冬菜半碗。　菜油二兩。　醬油一兩。

白糖二錢。　蔴油二錢。　食鹽一錢。

用具

鍋一只。　爐一只。　厨刀一把。　鏟刀一把。　洋盆一只。

方法

把蠶豆瓣浸透去皮後。倒入鍋中。加清水食鹽燒至微爛。再倒入熱油鍋中。炒他數下用鏟刀壓成漿糊狀。加下醬油熱水然後加入鹽冬菜細屑。再蓋鍋蓋燒透見他已經濃厚。起鍋滴入蔴油便可食了。

附注

火候應當注意。過於堅硬。過於糜爛。均不適宜。

第四十四種　炒素蟹

作料

核桃十箇。　菜油二兩。　甜蜜醬半杯。　砂仁末一錢。　白糖二錢。
茴香末一錢。　陳黃酒二錢。

用具

鍋一只。　爐一只。　鐵錘一箇。　鏟刀一把。　洋盆一只。

方法

把核桃用鐵錘連殼打破。勿使用力過猛以致碎爛然後將油鍋燒熱待沸倒入炒熟加下甜蜜醬砂仁末白糖茴香末等。再加以陳黃酒鍋蓋燒二透卽可食了。

附注

本食品形似蟹故名。

第四十五種　炒素肉絲

作料

麵筋乾四兩。　嫩筍一只。　金針菜半兩。　荳腐乾二塊。　菜油一兩。醬油一兩。　白糖二錢。　蔴油二錢。

九一

用具

鍋一只。　爐一只。　厨刀一把。　鏟刀一把。　洋盆一只。

方法

把麪筋乾用厨刀切成細絲長約一寸許以笋剝殼及荳腐乾亦切成細絲再以金針菜用水放好後卽將油鍋燒熱一併倒入炒之約三分鐘傾入醬油蓋鍋蓋再燒一透加下白糖味和卽可起鍋了。

附注

本食品麪筋需用乾的。

第四十六種　炒素腰腦

作料

坯片四簡。　荳腐一塊。　嫩笋一只。　菜油半兩。　陳黃酒一錢。　醬油半兩。　白糖二錢。　蒸粉半盅。　蔴油二錢。

用具

鍋一只。　爐一只。　厨刀一把。　鏟刀一把。　筷一雙。　洋盆一只。

方法

把坯片用厨刀破開正面斜劃細紋深約分許。劃好交叉切成薄片。長約七八分再把荳腐用筷調碎以笋切片然後把鐵鍋燒熱倒入菜油待至沸時倒入炒之霎時加以黃酒醬油再加以白糖蒸粉卽可鏟起。滴入蔴油以便供食其形畢肖。

附注

把荳腐乾亦可代坯片之用。

第四十七種　炒冬笋

作料

玉堂菜四兩。　玉蜀黍四兩。　菜油一兩。　醬油一兩。　白糖一錢。

蔴油一錢。

用具

鍋一只。　爐一只。　厨刀一把。　鏟刀一把。　洋盆一只。

方法

把玉堂菜用厨刀切碎，再把玉蜀黍嫩梗剝去外殼削去苞粒切成筍片，然後將油鍋燒熱，倒下用鏟炒之，約三四分鐘加醬油清水燒了一透，加糖和味，雲時滴下蔴油便可食了。

附注

他的味道和冬笋無異。

第四十八種　炒香菜

作料

香菜半斤。　菜油四錢。

心一堂　飲食文化經典文庫

用具

鍋一只。　爐一只。　鏟刀一把。　洋盆一只。

方法

把香菜用手搦去滷汁傾入熱油鍋中炒他一透卽可鏟入洋盆裏面。以備供食味的鬆脆鮮美無倫。

附注

本食品的製法。詳第一輯第四十六種醃香菜梗欄內。

第四十九種　炒素肉餅子

作料

荳腐四塊。　金針菜丁木耳丁榨菜丁筍丁荸薺丁各若干。　食鹽半兩。　乳腐露一杯。　小粉一撮。　菜油二兩。　醬油二兩。　白糖二錢。　蔴油二錢。

用具

鍋一只。　爐一只。　厨刀一把。　鏟刀一把。　洋盆一只。

方法

把各種小丁和荳腐同拌。加以食鹽乳腐露再加小粉做成肉餅子狀。然後入熱油鍋中煎已黃透下以醬油食鹽及清水再燒二透和味加糖少時便可起鍋另加蔴油味美逾常。

附注

本食品和肉餅子一樣惟葷素各別就異了。

第五十種　炒素包圓

作料

荳腐衣二張。　小青菜二兩。　香荳腐乾二塊。　嫩笋一只。　醬油半兩。　菜油半兩。　白糖一錢。

用具

鍋一只。　爐一只。　厨刀一把。　洋盆一只。

方法

把荳腐衣用厨刀切成小方塊。再以小青菜香荳腐乾嫩笋等切成細屑。浸在醬油裏面。然後逐箇包裹。倒入熱油鍋中煎之。加以醬油清水。燒了一透白糖和味。未幾卽可食了。

附注

本食品之佳介腐衣包素而上之好口味者盡嘗試之。

第三輯　小湯類

第一種　蔴菇雞

作料

蔴菇一兩。　百葉六張。　嫩笋一只。　香菌六只。　木耳六只。　茅荳子十粒。　食鹽半兩。　白糖二錢。　蔴油一錢。　陳黃酒半兩。

用具

鍋一只。　爐一只。　厨刀一把。　小湯碗一只。　甑籠一具。

方法

先把蔴菇用清水放好。將鹽擦去他的沙質。洗淨後。再把百葉疊齊壓結。用厨刀切成雞條長約一寸許闊約三四分。然後把笋屑香菌屑木耳屑等。一併裝入小湯碗裏。再把素雞六條蓋在碗之一面蔴菇蓋在對面空間蓋以笋片當中以茅荳子作頂摻以白糖食鹽傾入陳黃酒及蔴菇湯卽可上甑蒸透滴入蔴油便可供食他的味道多麼好呀

附注

本食品的碗面要蓋得好否則不雅觀了。故對於手術方面需要特別注意的。

第二種　香菌鴨

作料

香菌一兩。　百葉十張。　百葉邊二三條。　嫩笋一只。　扁尖三條。

食鹽半兩。　陳黃酒半兩。　蔴油一錢。

用具

鍋一只。　爐一只。　厨刀一把。　小湯碗一只。　甑籠一具。

方法

把百葉張張推開。每張塗以砂糖醬油蔴油花椒等的溷合汁重重疊上。積累成帙。將百葉邊夾在中間摺疊卷好用厨刀切成小方塊卽成素鴨。又將香菌放好再以笋脫殼切成細屑扁尖亦如之裝入小湯碗中。上層把素鴨放好再以香菌蓋面加下食鹽陳黃酒倒入香菌湯然後放在甑上燃火燒了二透卽可加入蔴油以便進食了他的味道當不亞於眞鴨。

附注

本食品味甚甜美。饕餮家請爲嘗試嘗試。若改爲燻製味亦可口之甚。

第三種　蔴菇湯

作料

蔴菇八只。　香菌八只。　白菓八筒。　嫩筍一只。　食鹽半兩。　陳黃

酒半兩。　蔴油一錢。

用具

鍋一只。　爐一只。　厨刀一把。　小湯碗一只。　甑籠一具。

方法

把白菓煮熟剝去他的殼。再把蔴菇香菌放好筍用厨刀切成薄片一

同裝入小湯碗中傾下蔴菇湯。然後加下食鹽陳黃酒等上甑蒸熟再

加蔴油。即可供食了。

附注: 蔴菇需裝在碗面纔整齊而雅觀。否則味道雖好。而碗面沒有配得好。仍舊不能稱為完美的東西。

第四種 茰玉湯

作料: 茰玉六只。 嫩笋一只。 香菌六只。 扁尖三根。 茅荳子兩匙。 陳黃酒半兩。 食鹽半兩。 白糖二錢。 蔴油一錢。

用具: 鍋一只。 爐一只。 小湯碗一只。 甑籠一具。

方法: 把茰玉用黃酒搶之。裝入小湯碗中。用笋片香菌扁尖絲茅荳子等蓋

附注

蔴菇需裝在碗面纔整齊而雅觀。否則味道雖好。而碗面沒有配得好。仍舊不能稱為完美的東西。

第四種　茰玉湯

作料

茰玉六只。　嫩笋一只。　香菌六只。　扁尖三根。　茅荳子兩匙。　陳黃酒半兩。　食鹽半兩。　白糖二錢。　蔴油一錢。

用具

鍋一只。　爐一只。　小湯碗一只。　甑籠一具。

方法

把茰玉用黃酒搶之。裝入小湯碗中。用笋片香菌扁尖絲茅荳子等蓋

一〇一

而。加食鹽陳黃酒白糖淸湯等入甌上鍋蒸透燒了二三透卽就食時。

再行滴入蔴油眞素菜中的佳肴啊。

附注

蔴菇英玉爲素中之王我們茹素者不可不吃的。惟價頗昂不能常食

爲可憾耳。

第五種　冬菰湯

作料

冬菰十只。　陳黃酒一兩。　食鹽二錢。　蔴油一錢。

用具

鍋一只。　爐一只。　小湯碗一只。　甌籠一具。

方法

把冬菰用熱滾水放好後。將他倒置小湯碗中。加下食鹽用陳黃酒滴

在他的柄上以紙封固卽可裝入甑籠上鍋蒸透加入陳黃酒再蒸如是蒸至三四次見他蓋面已漲厚而呈龜裂狀加下蔴油卽可食了湯的鮮美眞可愛哪。

附注

本食品不必加以清湯因爲原汁已經足够了取而食之開胃勝常。

第六種　葛仙米湯

作料

葛仙米一盅。　嫩笋一只。　香菌四只。　蔴菇四只。　扁尖三根。　食鹽半兩。　陳黃酒半兩。　蔴菇湯一碗。　蔴油一錢。

用具

鍋一只。　爐一只。　厨刀一把。　小湯碗一只。　甑籠一具。

方法

把葛仙米用熱滾水泡浸。放入鍋中。用文火煨爛。盛碗候用。再把香蕈蔴菇扁尖用淸水放好和笋一同切成細屑裝入小湯碗底以葛仙米蓋在碗面加入食鹽陳黃酒沖下蔴菇湯上甑蒸透以備供食食時另加蔴油。

附注

葛仙米放來越大越好以瓦罐預先焵爛候用尤爲佳美。

第七種　鮮菌湯

作料

茅柴菌一兩。　木耳一兩。　蔴菇一兩。　食鹽半兩。　陳黃酒半兩。

蔴油一錢。

用具

鍋一只。　爐一只。　小湯碗一只。　甑籠一具。

116

方法 把蔴菇用食鹽擦就洗淨。入鍋加清水煮湯。然後將放好的茅柴菌木耳等裝入小湯碗中。加下食鹽陳黃酒再傾入蔴菇湯上甑蒸熟另加蔴油。味極好啊。

附注 菌每含有毒質。燒時可以銀針試他。如現黑色。慎勿食他。既受毒可取燈草煎服卽解。特附記之以備急救。

第八種　菠菜荳腐羹

作料 菠菜半斤。　荳腐二塊。　食鹽半兩。　白糖一錢。　蔴油一錢。　荳豉醬一匙。　蒸粉少許。

用具

鍋一只。　爐一只。　厨刀一把。　小湯碗一只。　甑籠一具。

方法

把菠菜入水洗淨，再以荳腐用厨刀切碎。然後一起倒入鍋內同清水燒之，約燒一透，瀝以食鹽，關蓋再燒二透，即就將起鍋時加以白糖蔴油荳豉醬蒸粉等。食之風味極佳，並且顏色鮮紅碧綠美觀逾常味最佳。

附注

本食品燒時若加以笋片味更鮮美，荳豉醬是用黑大荳做的，用以和

第九種　燒湯三鮮

作料

百葉三張。　荳腐衣一張。　香菌八只。　菜油一兩。　醬油一兩。　蔴油一錢。

用具

鍋一只。　爐一只。　厨刀一把。　小湯碗一只。　甑籠一具。

方法

把百葉以温水過清。一起捲成長條。把荳腐衣包在外面上甑蒸透用厨刀切成寸段倒入熱油鍋中煎他一透。然後和笋片香菌等一併裝入小湯碗內盛以醬油香菌湯再上甑蒸一透。加些蔴油便可食了味亦鮮潔。

附注

本食品在蒸的時候。不必加以清水。因爲香菌湯足以够用了。惟香菌湯需漏脚候用。

第十種　燒乾三鮮

作料

荳腐二塊。　食鹽二錢。　木耳屑半兩。　菜油二兩。　荸一只。　香菌十只。　油麪筋十箇。　麪粉一盅。　醬油二兩。　白糖半兩。　蔴油一錢。

用具

鍋一只。　爐一只。　厨刀一把。　小湯碗一只。　甑籠一具。

方法

把荳腐用厨刀一切四塊。濾去汁水。逐一調爛。同時和以食鹽木耳屑等。放入麪粉盅內滾成圓形。卽成素肉丸。一一投入熱油鍋內以煎黃爲度。然後加香菌湯荸片香菌油麪筋等。一起放入燒煮一透。加以醬油再燒一透。用白糖和味。食時加些蔴油以引香味。和眞三鮮無以異也。

附注

心一堂　飲食文化經典文庫

本食品湯水宜緊燒時不必加以清水純用香菌湯已足够用了。

第十一種　黃瓜塞荳腐

作料

黃瓜二條。　荳腐二塊。　食鹽二錢。　扁尖屑香菌屑木耳屑各少許。

菜油二兩　醬油二兩　白糖半兩　蔴油一錢

用具

鍋一只。　爐一只。　厨刀一把。　括鉋一箇。　筷一雙。　小湯碗一只。

甌籠一具。

方法

把黃瓜括去他的皮用厨刀切成一寸小段。將手指扒去他的子再把荳腐用清水洗淨和扁尖屑香菌屑木耳屑等用筷調和然後塞入黃瓜內。再倒入熱油鍋內煎透加以清水再燒二透便以醬油加入再燒

121

一一〇

片時。用白糖和味。便可食了。食的時候。再加蔴油少許。

附注

黃瓜須揀小而嫩的。若老黃之類。很不適用。俗有謂生黃瓜同花生食之。輒死不知確否。

第十二種　冬菰雞

作料

冬菰半兩。　百葉四張。　荳腐衣二張。　嫩笋一只。　冬菰湯一碗。

陳黃酒二錢。　醬油二兩。　蔴油一錢。

用具

鍋一只。　爐一只。　厨刀一把。　小湯碗一只。　甑籠一具。

方法

先把冬菰洗淨放好。再把百葉用熱水過清。每二張捲成長條。外面包以荳腐衣上甑蒸透用厨刀切成寸段卽成素雞然後把笋絲裝入小湯碗底將冬菰素雞舖於碗面盛以黃酒醬油及冬菰湯再上甑蒸一透。食時加以蔴油味甚香美

附注

本食品的素雞味很鮮美形極類似可稱絲毫無雙。

第十三種　三絲湯

作料

喬菌十只。　嫩笋一只。　扁尖六根。　香菌湯一碗。　食鹽四錢。　蔴油一錢。

用具

鍋一只。　爐一只。　厨刀一把。　小湯碗一只。　甑籠一具。

方法

把香菌用清水洗淨。放好之後。入鍋煮湯。再將香菌嫩笋扁尖等用厨刀切成細絲一併裝入小湯碗內。瀝以食鹽盛以香菌湯。上甑蒸了數透。加入蔴油。便可供食了。

附注

本食品爽口異常。味又鮮美無雙洵美肴也。

第十四種　冰荳腐湯

作料

冰荳腐二塊。　嫩笋一只。　榨菜半兩。　食鹽四錢。　蔴油一錢。

用具

鍋一只。　爐一只。　厨刀一把。　小湯碗一只。　甑籠一具。

方法

將冰荳腐用熱水融解。用厨刀切成小方塊。和預先切好的笋片榨菜

絲。一併倒入鍋內。加以食鹽和清水同煮。燒了二透。滴入蔴油便可起

鍋供食了。

附注

冰荳腐這樣東西。是在冬天把荳腐冰成功的。他的味道眞絕倫無比。

第十五種　素薺菜肉絲羮

作料

薺菜半斤。　荳腐乾五塊。　香菌屑扁尖屑各少許。　蒸粉少許。　食

鹽半兩。　蔴油一錢。

用具

鍋一只。　爐一只。　厨刀一把。　小湯碗一只。　甑籠一具。

方法

把薺菜揀去草汚。同清水入鍋焯了一透。用冷水過清。用厨刀切成細

屑。再把荳腐乾切成細絲。和香菌屑扁尖屑等一併傾入鍋內。加些食鹽用清水燒他一二透即下蒸粉着膩食時滴以蔴油以引香味

附注

荳腐乾以香荳腐乾爲最佳。

第十六種　菠菜湯

作料

菠菜半斤。　嫩笋一只。　香菌四只。　食鹽四錢。　蔴油一錢。

用具

鍋一只。　爐一只。　厨刀一把。　小湯碗一只。　甑籠一具。

方法

把菠菜洗淨。用厨刀切成寸段和笋片香菌一起倒入鍋內。加些清水。同時瀝以食鹽關蓋燒他一二透即可盛起。加以蔴油便可食了味亦

心一堂　飲食文化經典文庫

適口。

菠菜需揀小嫩若老若黃都不適用。

第十七種　燒腐丸

作料

荳腐二塊。　香菌五只。　扁尖一兩。　冬笋一只。　荳腐衣三張　菜

油二兩。　醬油二兩。　白糖一撮。　蔴油一錢。

用具

鍋一只。　爐一只。　厨刀一把。　小湯碗一只。　甑籠一具。

方法

先把荳腐用厨刀切成小塊。然後以扁尖屑香菌屑冬笋屑等和醬油

拌在一起用荳腐衣包成肉丸形。再將油鍋燒熱倒入煎黃加以醬油

喬菌湯。燒至二透下以白糖和味。起鍋加些蔴油。更覺清香適口。

附注

本食品沒有荳腐衣。可用粉皮代之亦佳。從事者可隨時定之。

第十八種　燒素捲

作料

粉皮八張。　菜油四兩。　醬油一兩。　白糖二兩。　蔴油一錢。

用具

鍋一只。　爐一只。　厨刀一把。　小湯碗一只。　甑籠一具。

方法

把粉皮用熱水過清。逐張捲成條子。放入熱油鍋內。氽至鬆黃為度。下以醬油再燒。待至湯乾和以白糖。片時卽可起鍋切成寸段裝入碗內。滴以蔴油就可食了。

本食品鬆脆異常。食時蘸以甜蜜醬更覺可口。喜食酸的。亦可加酸醋。

第十九種　燒素腰片

作料

荳腐乾八塊。　菜油一兩半。　荸薺五箇。　嫩笋一只。　醬油一兩。

白糖一撮。　蔴油一錢。

用具

鍋一只。　爐一只。　厨刀一把。　小湯碗一只。　甑籠一具。

方法

把荳腐乾用厨刀割以刀路。再斜切成片。然後倒入熱油鍋內。煎至一透。加以荸薺片笋片等。炒一反身下以醬油清水。再燒一透。瀝以白糖。味和之後。便可起鍋。加以蔴油以引香味。他的形貌和眞者略似。味則顏色多多了。

附注

本食品用的湯水宜緊在起鍋時或著些膩頭亦佳亦可隨時定之。

第二十種　蘿蔔湯

作料

蘿蔔一箇。　冬笋一只。　醬油半兩。　蔴油一錢。

用具

鍋一只。　爐一只。　厨刀一把。　括鉋一箇。　小湯碗一只。　�致籠一具。

方法

把蘿蔔洗淨。以括鉋鉋去他的皮。和以預先用厨刀切好的冬笋絲然後倒入鍋內。加以清水蓋鍋蓋燒他一透。下以醬油。再燒一透卽可起鍋。加以蔴油就可食了。味甚可口。

附注

本食品燒時。或加以香菌和香菌湯同煮。味更鮮美。

第二十一種　小燒荳腐

作料

荳腐四塊。　木耳半兩。　菜油三兩。　食鹽三錢。　醬油一兩。　白糖一兩。　香料少許。　蔴油一錢。

用具

鍋一只。　爐一只。　厨刀一把。　小湯碗一只。　甑籠一具。

方法

把荳腐用清水過清。用厨刀切成小塊。放入熱油鍋內。四面煎透。同時加以食鹽下以清水。再放以醬油香料蓋鍋蓋燒他數透。便用白糖和味。霎時就可起鍋供食了。香頭另加蔴油。

附注

荳腐有二種燒法。一種叫做大燒。一種叫做小燒。大燒是多些作料。小燒是少些作料。他的味道自然各極其妙。尋常以小燒荳腐為佳。

第二十二種　冬筍湯

作料

冬筍一只。　雪裏蕻一紮。　食鹽三錢。　蔴油一錢。

用具

鍋一只。　爐一只。　厨刀一把。　小湯碗一只。　甑籠一具。

方法

把冬筍剝去外籜。用厨刀切成片子。再把雪裏蕻切成細屑。一併倒入鍋內。加些清水。關蓋燒他一二透。卽就食時。灑以蔴油更引香美。

附注

冬筍和雪裏蕻兩樣東西。爽口異常。燒時沒有雪裏蕻可用榨菜代之。味亦不惡若不用冬筍可用別種筍類代之。

第二十三種　蕈菜湯

作料

蕈菜二兩。　嫩筍一只。　香菌六只。　食鹽四錢。　香菌湯一碗。

用具

鍋一只。　爐一只。　厨刀一把。　小湯碗一只。　甌籠一具。

方法

把蕈菜用透水過清更以嫩筍用厨刀切成片子和香菌一併倒入鍋內灑以食鹽和香菌湯同煮待煮二三沸卽可起鍋供食了。

附注

香蕈放大時可加些食鹽或黃酒均佳。晉張翰爲大司馬東曹掾因見秋風起思吳中蓴羹因命駕歸他的價值可知了。蓴菜產在西湖爲最著名。

第二十四種　茅荳子湯

作料

茅荳子一杯。　嫩笋一只。　醬油半兩。　蔴油一錢。

用具

鍋一只。　爐一只。　厨刀一把。　小湯碗一只。　甌籠一具。

方法

把茅荳子預先剝好。和嫩笋片一起倒入鍋內燃火燒之。加以清水。蓋鍋蓋燒了數透。就可盛起。滴以蔴油便可食了。他的味道很爲清淡。

附注

心一堂　飲食文化經典文庫

一二三

茅荳子上甑蒸透裝入小湯碗內。和清水或香菌湯再蒸味也鮮美。

第二十五種　油荳腐湯

作料

油荳腐十箇。　香菌六只。　茅荳子二匙。　醬油一兩。　蔴油一錢。

用具

鍋一只。　爐一只。　小湯碗一只。　甑籠一具。

方法

把香菌放好加清水入鍋煮湯。然後把油荳腐香菌茅荳子等一併裝入小湯碗內加以醬油香菌湯。上甑蒸透食時滴入蔴油以引香味。

附注

油荳腐就是油片。他的味道很鮮爲素中佳品。

第二十六種　水荳腐花湯

作料

水荳腐花一碗。　嫩笋一只。　香菌五只。　醬油一兩。　蔴油二錢。

用具

鍋一只。　爐一只。　厨刀一把。　小湯碗一只。　飯籠一具。

方法

把水荳腐花入水過清。再把嫩笋用厨刀切成片子。和香菌一起倒入鍋內燃火燒透。和入醬油水荳腐香菌湯同煮二透卽可起鍋加些蔴油。以引香味食之鮮嫩無比。

附注

本食品燒時。先把笋片香菌燒煮一透。然後加入水荳腐花。否則水荳腐花越燒越老不適於口食之而無味。

第二十七種　蕈茱荳腐湯

作料

蓴菜一兩。　荳腐一塊。　筍絲榨菜絲各若干。　食鹽四錢。　蔴油一錢。

用具

鍋一只。　爐一只。　厨刀一把。　小湯碗一只。　甑籠一具。

方法

把蓴菜和荳腐用熱水過清。用厨刀切成方塊。和筍絲榨菜絲等一起入鍋燒之。加些食鹽和清水同煮食時滴以蔴油更形香美

附注

蓴菜荳腐湯。這樣東西。味道很鮮。燒時。或加些陳黃酒亦佳。

第二十八種　蘆筍湯

作料

蘆笋二兩。　蔴菇四只。　香菌六只。　醬油半兩。　蔴油一錢。

用具

鍋一只。　爐一只。　厨刀一把。　小湯碗一只。　甋籠一具。

方法

把蘆笋用熱水過清用厨刀切成薄片。再把蔴菇香菌入鍋煮湯。然後一一裝入小湯碗中下以醬油香菌湯。上甋蒸透滴以蔴油就可食了。

鮮嫩無埒。

附注

本食品清爽適口。味亦絕倫爲素中佳肴。

第二十九種　扁尖湯

作料

扁尖半兩。　茅荳子二匙。　醬油半兩。　蔴油一錢。

用具

鍋一只。　爐一只。　厨刀一把。　小湯碗一只。　甑籠一具。

方法

把扁尖用水泡浸。用厨刀切成細絲和茅荳子倒入鍋內加清水燒之。加以醬油同煮二沸滴以蔴油便可食了他的味道也很鮮嫩。

附注

本食品燒時。若加些冬菜味更清爽可口惟扁尖以揀選嫩頭爲上。

第三十種　冬菜湯

作料

冬菜半兩。　嫩笋一只。　醬油半兩。　蔴油一錢。

用具

鍋一只。　爐一只。　厨刀一把。　小湯碗一只。　甑籠一具。

方法

把嫩筍用廚刀切成片子和冬菜倒入鍋內。加以醬油清水等同煮數沸。滴以蔴油便可食了。其味適口異常。

附注

本食品爽口異常。味亦佳美。若和些白糖更爲鮮美。

第三十一種　榨菜湯

作料

榨菜一兩。　冬筍一兩。　香菌五只。　醬油半兩。　蔴油一錢。

用具

鍋一只。　爐一只。　廚刀一把。　小湯碗一只。　甑籠一具。

方法

把榨菜冬筍用廚刀切成細絲。和放好的香菌倒入鍋內。下以醬油香菌湯同煮一二透滴以蔴油就可食了他的味道爽脆得很。

本食品燒又簡便味又適口他的製法詳第一輯冷盆類。

第三十二種　香菌湯

作料

香菌十只。　白菓十箇。　嫩笋一只。　食鹽四錢。　陳黃酒半兩。

用具

鍋一只。　爐一只。　厨刀一把。　小湯碗一只。　甑籠一具。

方法

把白菓入鍋加淸水煮熟卽可剝去他的殼再把香菌用淸水放好以笋用厨刀切好片子一併置於小湯碗內盛以香菌湯然後加下食鹽陳黃酒等上甑蒸熟便可食了味亦淸冽。

附注

香蕈需裝碗面。否則很不雅觀。再白菓宜取去其心。以免苦味。

第三十三種　素湯卷

作料

粉皮三張。　茭玉六只。　陳黃酒三錢。　嫩笋一只。　食鹽四錢。　大蒜葉少許。

用具

鍋一只。　爐一只。　厨刀一把。　小湯碗一只。　餫籠一具。

方法

把粉皮用厨刀切成條子用溫水過清。再把茭玉用陳黃酒搶之更以粉皮裝入碗內和茭玉笋片等蓋面加食鹽清湯上餫蒸透片時卽就。灑以大蒜葉便可食了他的味道毫無腥氣鮮美過於眞的湯卷。

素湯卷這樣東西味又鮮美形極相似以之餉客備受歡迎且嘆新奇。

第三十四種 素肉丸湯

作料

荳腐二塊。 食鹽三錢。 香椿頭屑木耳屑各少許。 麪粉一盅。 香菌六只。 醬油半兩 蔴油一錢。

用具

鍋一只。 爐一只。 厨刀一把。 小湯碗一只。 甌籠一具。

方法

先把香菌放好入鍋同清水煮湯。再把荳腐濾乾汁水用厨刀一切四塊。逐一調爛同時加以食鹽香椿頭屑木耳屑等拌和一一倒入麪粉盅內。滾成肉丸形卽成素肉丸。然後把香菌湯燒熱將素肉丸倒下加以醬油香菌等同燒二透瀝以蔴油就可食了。他的形狀亦和眞者無異。

附注

本食品的素肉丸。可在熱油鍋內氽鬆和香菌湯同煮他的味道還要更好十倍哩。

第三十五種 細粉湯

作料

細粉半斤。 油麪筋十箇。 茅荳子二匙。 醬油半兩。 蔴油一錢。

用具

鍋一只。 爐一只。 厨刀一把。 小湯碗一只。 甑籠一具。

方法

把細粉用水過清。用手捋斷。和油麪筋茅荳子等一併倒入鍋內。加以

一三二

醬油清水同煮二沸。卽可盛起。滴些蔴油。便可食了。

附注

本食品燒時或加些香菌和香菌湯同煮。味道還要好哩，細粉的製法是用蒸粉做成的。

第三十六種　海帶絲湯

作料

海帶絲二兩。　嫩笋一只。　食鹽四錢。　蔴油一錢。

用具

鍋一只。　爐一只。　厨刀一把。　小湯碗一只。　甑籠一具。

方法

把海帶絲用熱水過淸。用厨刀切成寸段和笋片倒入鍋內燃火燒之。少時。加以食鹽淸水等。再煮二透卽就滴些蔴油便可食了。

第三十七種　荳腐衣湯

作料

荳腐衣二張。　油麪筋十箇。　扁尖四根。　醬油半兩。　蔴油一錢。

用具

鍋一只。　爐一只。　厨刀一把。　小湯碗一只。　甌籠一具。

方法

先把荳腐衣用厨刀切碎。用熱水過清。再把扁尖切成細絲和油麪筋一併倒入鍋內燃火燒透。加入醬油清水等同煮二沸。食時加以蔴油以引香味。

附注

本食品清爽異常味亦鮮美。

本食品若加些笋片。味更可口。

第三十八種　絲瓜湯

作料

絲瓜二條。　菜油一兩。　茅荳子二匙。　食鹽四錢。

用具

鍋一只。　爐一只。　刮鉋一箇。　厨刀一把。　小湯碗一只。　甑籠一具。

方法

把絲瓜用刮鉋鉋去他的皮。入水洗淨。用厨刀切成纒刀塊。把他倒入熱油鍋內炒一反身。放入茅荳子。撒些食鹽和清水同煮。蓋鍋蓋燒他二透。卽可起鍋以備供食。

附注

本食品燒時不可多燜多燜就要變色。味亦不佳因絲瓜多水汁清水宜少用。

第三十九種　人參條湯

作料

人參條一根。　嫩笋一只。　醬油半兩。　蔴油一錢。

用具

鍋一只。　爐一只。　厨刀一把。　小湯碗一只。　飯籠一具。

方法

把人參條用厨刀切成寸段和預先切好的笋片倒入鍋內加清水燒之。下以醬油關蓋燒他二透卽可盛起。滴以蔴油就可食了。

附注

人參條是麪筋余的。形似人參。故名人參條。出售處以無錫為最。

第四十種　香菜湯

作料

香菜二兩。　菜油半兩。　嫩笋一只。　醬油半兩。　蔴油一錢。

用具

鍋一只。　爐一只。　厨刀一把。　小湯碗一只。　甑籠一具。

方法

把香菜用清水洗淨。用厨刀切成細屑。然後倒入熱油鍋內炒一反身。傾以笋片。加以醬油清水等蓋鍋蓋燒煮二透卽就食時加些蔴油以引香味。

附注

本食品爽口得很。味亦香美若加入白糖少許他的味道亦甚可口。

第四十一種　素鵝湯

作料

百葉六張。　荳腐衣三張。　嫩笋一只。　香菌六只。　醬油一兩。　蔴

油一錢。

用具

鍋一只。　爐一只。　厨刀一把。　小湯碗一只。　甑籠一具。

方法

把百葉用熱水過淸。捲成條子用荳腐衣包在外面。上甑蒸透把他用

厨刀切成寸段。然後裝入小湯碗中。蓋以笋片香菌等盛以醬油香菌

湯。再上甑蒸一透。食時加下蔴油味更鮮美

附注

素鵝的作料很不一定。一種是把粉皮做的。一種是把蒸粉做的。但以

上兩種湯水很不淸爽。總不若百葉爲佳。如若不信請一試之

第四十二種 荳腐乾絲湯

作料

荳腐乾六塊。 嫩笋絲扁尖絲榨菜絲各少許。 醬油半兩 蔴油一錢。

用具

鍋一只。 爐一只。 厨刀一把。 小湯碗一只。 甌籠一具。

方法

把荳腐乾用厨刀切成細絲。和笋絲扁尖絲榨菜絲等。裝入小湯碗內。盛入醬油淸水等。再上甌蒸二透。滴入蔴油便可食了。味極淸嫩。於夏日尤宜。

附注

本食品若加香菌三五只味更鮮美。

第四十三種　雪笋湯

作料

醃雪裏蕻一兩。　嫩笋一只。　食鹽三錢。　蔴油一錢。　菜油半兩。

用具

鍋一只。　爐一只。　厨刀一把。　鏟刀一把。　小湯碗一只。　甌籠一具。

方法

把醃雪裏蕻洗淨。用厨刀切成細屑。然後倒入熱油鍋內。用鏟刀炒之。少時灑以食鹽。加些清水。關蓋再燒二透。滴些蔴油就可食了。鮮美撲鼻。頗堪適口。

附注

本食品燒又簡便。味又適口。眞正好呀。惟鮮笋不能久藏。很不滿意。今

第四十四種　蔴菇荳腐湯

作料

蔴菇十只。　荳腐一塊。　嫩笋一只。　醬油一兩。　蔴油一錢。

用具

鍋一只。　爐一只。　厨刀一把。　小湯碗一只。　甌籠一具。

方法

先把蔴菇用清水放好。用厨刀切碎。再把荳腐亦切成小塊。然後倒入鍋內投以笋片和蔴菇湯同煮。蓋鍋蓋燒煮一透。把荳腐倒入再燒一透。卽可盛起。滴些蔴油就可食了。顏色既潔淨。味道又鮮美。眞能令人忘其饑飽。

附注

本食品爲素菜中很鮮的一種菜司。

第四十五種 香菌荳腐湯

作料

香菌八只。 荳腐一塊。 冬笋一只。 食鹽三錢。

用具

鍋一只。 爐一只。 厨刀一把。 小湯碗一只。 甑籠一具。

方法

把香菌用清水放好然後入鍋加清水煮湯。再把荳腐用厨刀切成小塊。和笋片一併倒入鍋內加些食鹽和香菌湯同煮一二透卽可起鍋供食了。

本食品味美可口。亦爲素中佳肴。持齋者當必嘗其風味也。

第四十六種　木耳湯

作料

木耳三錢。　嫩笋一只。　醬油半兩。　蔴油一錢。

用具

鍋一只。　爐一只。　厨刀一把。　小湯碗一只。　甑籠一具。

方法

把木耳用水放好。笋用厨刀切成薄片。然後裝入小湯碗內。再把木耳蓋面。盛以醬油清湯。上甑蒸透。滴些蔴油便可供食。

附注

木耳放來越大越好。今將種木耳法述下。法以木耳種子用白研成細末。在三月間佈種。撒於桑木柿木柳木楮木接骨木等木上再用稻草覆之至四五月時。瀝以米泔水隔了幾月。就成木耳即可採下曬乾候用。

第四十七種　茅荳子羹

作料

茅荳子二匙。　荳腐一塊。　笋屑扁尖屑少許。　食鹽三錢。　蒸粉少許。　蔴油一錢。

用具

鍋一只。　爐一只。　小湯碗一只。　甑籠一具。

方法

把荳腐用水洗淨。用厨刀切成小塊。和茅荳子笋屑扁尖屑等一起倒入鍋內同清水燒之。約一透加以食鹽片刻下以蒸粉著膩滴以蔴油。

便可食了。

附注

本食品湯水宜緊否則乏味。最好在甑上蒸熟後候用。可免燒黃。

第四十八種　荳腐鬆湯

作料

荳腐一塊。　菜油二兩。　香菌八只。　醬油半兩。　蔴油一錢。

用具

鍋一只。　爐一只。　布一方。　筷一雙。　小湯碗一只。　甑籠一具。

方法

把荳腐用布濾去汁水。用筷稍爲調爛。然後倒入熱油鍋內以炙鬆爲度。再裝入小湯碗中。把香菌蓋於碗面。放入醬油香菌湯上甑蒸熟。滴入蔴油便可食了。

附注

荳腐汆來越鬆越好。參看第一輯冷盆類。荳腐鬆的製法亦可。

第四十九種　粉皮鬆湯

作料

粉皮一張。　菜油二兩。　香菌六只。　醬油牛兩。　蔴油一錢。

用具

鍋一只。　爐一只。　厨刀一把。　小湯碗一只。　甑籠一具。

方法

把粉皮用厨刀切成方塊。用熱水過清。然後倒入熱油鍋內。把他汆鬆。再裝入小湯碗內以香菌蓋面盛入醬油香菌湯上甑蒸透加些蔴油

附注

以引香味就可食了。

本食品鬆爽可口。味美無比。

第五十種　蘿蔔鬆湯

作料

蘿蔔一箇。　食鹽二錢。　嫩笋一只。　菜油二兩。　香菌六只。　醬油半兩。　蔴油一錢。

用具

鍋一只。　爐一只。　刮鉋一箇。　厨刀一把。　小湯碗一只。　甑籠一具。

方法

把蘿蔔皮用刮鉋去用厨刀切成片子瀝些食鹽用手搾去汁水然後倒入熱油鍋內以淡黃為度即行盛起裝入小湯碗內再把笋片香菌蓋於碗面盛以醬油香菌湯上甑蒸他一二透加些蔴油便可食了。

心一堂 飲食文化經典文庫

附注

蘿蔔需揀結實而清白若老若空。都不適用。參看第一輯冷盆類蘿蔔鬆的製法亦可。

第四輯　大湯類

第一種　燒素獅子頭

作料

蘿蔔一斤。　山芋一只。　菓肉半兩。　嫩青菜四兩。　菜油二兩。　醬油二兩。　白糖二錢　青葱三枝　陳黃酒二錢

用具

鍋一只。　爐一只。　布袋一箇。　厨刀一把。　大湯碗一只。　甑籠一

方法

先把蘿蔔用廚刀切片入鍋燒爛以布袋擠乾水汁再以山芋燒熟菓肉研碎葱切細屑一同和在一起做成圓餅然後入鍋用油煎透加入醬油陳黃酒燒了一透再入焯熟的嫩青菜加些食鹽白糖略燒片時便可盛食了。

附注

菓肉就是花生剝成的。

第二種　荳腐湯

作料

荳腐二塊。　荳腐衣二張。　山芋一只。　蔴菇四只。　竈荳一升。　香菜芝蔴末核桃片若干。　食鹽半兩。

用具

鍋一只。　爐一只。　廚刀一把。　蔴袋一只。　大湯碗一只。　飯籠一具。

方法

把荳腐荳腐衣山芋用厨刀切成小塊。再將蠶荳煮熟盛入袋中搾取其汁頻頻沖以原湯。然後把荳腐荳腐衣山芋和放好的蔴菇入鍋燒他。燒了二三透。再加食鹽香菜芝蔴末核桃片霎時卽可食了。

附注

本食品滋補異常。

第三種　燒八寶素肉丸

作料

荳腐四塊。嫩笋一只。香菌扁尖荸薺松仁瓜薑各若干。蒸粉一杯。菜油二兩。醬油二兩。陳黃酒二錢。白糖二錢。蔴油二錢。

用具

鍋一只。　爐一只。　厨刀一把。　大湯碗一只。　甑籠一具。

方法

把荳腐擠去汁水以笋解簿。用厨刀切片。和香菌扁尖荸薺松仁瓜薑等。一向斬成細醬。加蒸粉揑成圓丸。然後將油鍋用武火燒熱倒入煎透。加入陳黃酒醬油。再燒片刻。和入白糖起鍋再入蔴油濃厚異常。

附注

本食品用的香菌扁尖。需先放好爲妥。

第四種　杏仁荳腐羹

作料

杏仁半斤。　荳粉一碗。　蔴菇十隻。　木耳十隻。　醬油四兩。　白糖二錢。　蔴油二錢。

用具

鍋一只。　爐一只。　手磨一具。　蔴袋一只。　鏟刀一把。　厨刀一把。

大湯碗一只。　甌籠一具。

方法

把杏仁先浸一夜。脫皮搗碎。徐徐下水。入手磨中磨細。盛於蔴袋裏兩

手用力搾取濃汁。同清水入鍋。燒了一透。和入荳粉用鏟攪和。煮不待

沸。卽行起鍋。候冷凝凍用厨刀切成方塊。然後用蔴菇湯同煮。再加入

木耳蔴菇醬油等。蓋鍋蓋燒一透。和味加糖味和卽可起鍋。另滴蔴油。

鮮嫩無比。

附注

本食品爲素席中的佳品。

第五種　荳葉羹

作料

蠶荳葉四兩。　嫩笋一只。　蔴菇半兩。　木耳半兩。　食鹽半兩。　白糖二錢。　蔴油二錢。

用具

鍋一只。　爐一只。　厨刀一把。　大湯碗一只。　甑籠一具。

方法

把蠶荳嫩葉洗淨。再把蔴菇木耳同湯汁和笋絲。先行入鍋燒透加下食鹽然後倒入洗淨的蠶荳嫩葉同煮俟透和入白糖卽可起鍋滴下蔴油清香撲鼻。

附注

本食品宜於病人。

第六種　素狀

作料

第四輯　大湯類

荳腐衣二張。　荳腐二塊。　扁尖屑香菌屑嫩笋屑葱屑若干。　醬油

二兩。　熟菜油二兩　蔴油一錢。

用具

鍋一只。　爐一只。　厨刀一把。　白布一塊。　大湯碗一只。　甌籠一

具。

方法

先把荳腐衣入油鍋中汆過。色黃卽可鏟起。然後把荳腐放在布中擠

乾。倒入碗中同醬油菜油葱屑扁尖屑香菌屑嫩笋屑等拿筷調和蓋

上荳腐衣入鍋蒸透瀝些蔴油就可食了。

附注

本食品味亦不惡。形亦近似。

第七種　素雞湯

作料

蔴菇半兩。　香菌半兩。　荳腐二塊。　百葉四張。　荳腐衣二張。　香椿頭屑一撮。　食鹽二錢。　扁尖絲半兩。　乾蒸粉一盅。　醬油二兩。

用具

鍋一只。　爐一只。　厨刀一把。　鏟刀一把。　缽頭一箇。　大湯碗一只。　甑籠一具。

方法

先把蔴菇香菌用透水放在缽內。再把荳腐用厨刀一切四塊。濾去汁水逐一調爛更以食鹽和香椿頭屑拌和放入蒸粉盅內滾成丸形。再入熱油鍋內煎透卽成素肉丸。然後鏟起。再將荳腐衣和百葉用溫水過清把百葉對拆成四用荳腐衣包於外面用甑蒸透卽切成小塊卽成素雞。然後把蔴菇香菌撈起亦切小塊整備大湯碗一只。將蔴菇香菌

167

一五六

放入碗底。把素雞素肉丸扁尖絲等鋪於碗面同時加以蔴菇香菌湯和醬油等上甑蒸透食時加些蔴油以引香味

附注

本食品的鮮味。和葷雞湯無異爲素席中的美品。

第八種　燒素三鮮

作料

油麪筋二十個。　蘆笋二兩。　香菌半兩。　菜油二兩。　醬油一兩。白糖一兩。　蔴油一錢。　蒸粉少許。

用具

鍋一只。　厨刀一把。　鏟刀一把。　大湯碗一只。　甑籠一具。

方法

把蘆笋和香菌用透水放過。用厨刀切成細絲。再把油麪筋切碎同時

168

放入熱油鍋內。酌加清水一杯。蓋鍋蓋燒了一透。加以醬油再燒二透。

放入白糖用蒸粉著膩即鏟起食時撒以蔴油更形清香。

附注

燒時沒有蘆筍。可用冬筍代之。味亦不惡。

第九種　燒素雞

作料

百葉十張。荳腐衣五張。冬筍二只。香菌一兩。菜油二兩。食

鹽二錢。醬油一兩。白糖半兩。蔴油二錢。

用具

鍋一只。爐一只。厨刀一把。鏟刀一把。飯籠一具。大湯碗一

只。

方法

169

先把香菌放好。和冬笋剝去外殼。用厨刀切成長細條。再把百葉和荳腐衣用温水過清。把百葉每二張捲成長條。裏面酌加冬笋一二條。用荳腐衣包在外面上甑蒸了數透。把他切斷卽成素雞。放入熱油鍋內。煎了一透。加入食鹽醬油和香菌湯同煮。蓋鍋蓋燒了數透。再加白糖和味。卽可起鍋。盛在湯碗裏面。撒以蔴油。更形香美無比。

附注

本食品的鮮味。勝於葷雞十倍。不信請爲試嘗試嘗。

第十種 蕈菜羹

作料

蕈菜一兩。　蔴菇六只。　香菌五只。　冬笋一只。　食鹽二錢。　蒸粉少許。　蔴油一錢。

用具

方法

先把蔴菇香菌放好。和蕈菜用厨刀切成細絲。再把冬笋剝殼亦切成細屑。然後將蔴菇香菌湯倒入鍋內。放以蔴菇香菌冬笋絲蕈菜等同煮。加以食鹽蓋鍋蓋燒了數透用蒸粉著膩即可起鍋滴入蔴油便可食了。

附注

本食品的蕈菜須在透水中一泡。否則恐生脂膩。

第十一種　燒素蹄膀

作料

山芋二只。　粉皮四張。　菜油二兩。　食鹽一錢。　冬笋一只。　冬菜屑少許。　醬油半兩。　白糖半兩。

用具

鍋一只。　爐一只。　厨刀一把。　鏟刀一把。　大湯碗一只。　飯籠一具。

方法

先把山芋用水入鍋燒爛。然後起鍋。用粉皮包在外面切成寸段。再入熱油鍋內煎透。把冬笋剝去外殼用厨刀切成小塊同清水和食鹽醬油等放入。蓋蓋再燒三四透。再加以冬菜屑白糖等和味然後起鍋置於大湯碗內。和蹄膀無異。食時肥爛無比。爲素席中之特品。

附注

本食品沒有山芋。可用山藥代之。味亦絕倫。

第十二種　紅燒山藥

作料

山藥一斤。　菜油二兩。　醬油二兩。　白糖一兩。　白礬末少許。　葱

屑若干。

用具

鍋一只。　爐一只。　竹刀一把。　鏟刀一把。　大湯碗一只。　飯籠一

具。

方法

先把山芋入水洗淨。用竹刀刮去外皮。浸於水中。加白礬末少許隔宿

洗淨切成方塊。倒入熱油鍋內炒一反身。加以清水一杯蓋鍋蓋燒爛。

然後放入食鹽醬油等再燒一透和以白糖少時卽可起鍋撒以葱屑。

尤爲香美。

附注

本食品燒時若加笋片味更絕倫惟山藥以肥大者爲上。

第十三種　人參八寶湯

作料

人參一只。　桂圓肉半兩。　蜜棗八個。　出核青梅二只。　出核酸梅一只。　木穉米少許。　玫瑰醬半盅。　冰屑二兩。

用具

鍋一只。　爐一只。　厨刀一把。　大湯碗一只。　甌籠一具。

方法

先把人參用透水浸於大湯碗內。待頓取出。和桂圓肉蜜棗青梅酸梅等。用厨刀切成細屑。倒入鍋內。加以清水一碗。和人參湯同煮燒時須用炭火。約半句鐘。加以木穉米玫瑰醬冰屑等。再燒一二透即可起鍋。

附注

供食了。

本品滋補異常。又加適口。眞絕倫無比。務望嗜味者請爲一試。

第十四種　蔴菇湯

作料

蔴菇十只。　香菌八只。　蓮子十個。　嫩笋一只。　醬油半兩　黃酒

半兩。　蔴油一錢。

用具

鍋一只。　爐一只。　厨刀一把。　大湯碗一只。　甑籠一具。

方法

先把蓮子煮熟。剝去他的心。然後把蔴菇香菌用清水放好笋用厨刀

切成薄片一同裝入大湯碗內傾下蔴菇湯再加醬油黃酒上甑蒸了

數透。滴以蔴油卽可供食。

附注

175

第十五種 荬玉湯

作料

荬玉十只。　嫩笋一只。　蔴菇八只。　扁尖五根。　茅荳子半盅。　陳

黃酒半兩。　食鹽七錢。　白糖半兩。

用具

鍋一只。　爐一只。　大湯碗一只。　甑籠一具。

方法

把荬玉用陳黃酒搶好。裝入大湯碗內。用笋片蔴菇扁尖絲茅荳子等。舖於碗面。加食鹽黃酒白糖清湯等入甑蒸之三四透卽可供食味美無比。

附注

本食品的味道鮮美絕倫。

本食品爲素中之王。嗜素者請試嘗之。

第十六種　燒羅漢

作料

荳腐二塊。　嫩笋一只。　蔴菇六只。　香菌八只。　葛仙米四錢。　菜
油一兩。　醬油一兩。　蔴油二兩。

用具

鍋一只。　爐一只。　厨刀一把。　鏟刀一把。　湯碗一只。　甑籠一具

方法

把蔴菇香菌放於大湯碗內。再將葛仙米用透水泡浸。然後把荳腐做
成素肉丸倒入熱油鍋內煎黃卽可鏟起。把蔴菇香菌素肉丸笋片等。
裝入大湯碗底。以葛仙米舖於碗面。冲以醬油蔴菇湯上甑蒸三四透。
滴入蔴油卽可食了。

第十七種　刺參湯

作料

蒸粉一碗。　木耳屑半兩。　嫩笋一只。　香菌十只。　食鹽二錢。　醬油一兩。　香菌湯一碗。　蔴油一錢。

用具

鍋一只。　爐一只。　厨刀一把。　大湯碗一只。　甑籠一具。

方法

先把香菌放好。然後用蒸粉和木耳屑食鹽等拌和。入鍋燒透凝結成漿。盛起候乾。用厨刀切成刺參形。入篩撳出細刺和刺參無異。然後把笋片香菌等傾入大湯碗中。再將刺參蓋於碗面。加以醬油香菌湯上

附注

素肉丸的製法。詳本輯第一種素鷄湯內。

甑蒸了數透。滴入蔴油以備供食。

附注

本食品和刺參無異形極酷似。

第十八種　甜菜

作料

芡實半斤。　出核蜜棗十個。　蓮子二十粒。　桂圓肉一匙。　冰屑四兩。

用具

鍋一只。　爐一只。　大湯碗一只。　甑籠一具。

方法

把芡實和蓮子用滾水放好上甑蒸了一透把蓮子心剝去然後和芡實蜜棗桂圓肉等倒入大湯碗內舖以冰屑用透水盛滿再上甑蒸透

就可供食。

附注

本食品若加檸檬油一滴更爲甜美又是清爽。

第十九種　蔴菇香菌湯

作料

蔴菇半兩。　香菌半兩。　嫩笋一只。　醬油一兩。　蔴油二錢。

用具

鍋一只。　爐一只。　厨刀一把。　大湯碗一只。　甌籠一具。

方法

把蔴菇香菌預先放好。然後把用厨刀切好的笋片。裝入大湯碗內。再舖以蔴菇香菌。盛以蔴菇香菌湯。上甌蒸之。約三四透。投以蔴油以備供食。

本食品的鮮美眞可愛哪。

第二十種 大燒荳腐

作料

荳腐六塊。 菜油半斤。 食鹽三錢。 白糖半兩。 香菌八只。 醬油
四兩。 香料若干。 蒸粉半盅。

用具

鍋一只。 爐一只。 厨刀一把。 大湯碗一只。 甑籠一具。

方法

把荳腐用厨刀一切四塊。倒入鍋內焯了一透。用清水過清。再以油鍋
燒熱。把荳腐四面煎黃。煎時撒以食鹽。然後倒以香菌湯醬油香料等
同煮約三四透。投以白糖和味。再後用蒸粉著膩。便可食了。

181

附注

香菌預先放好。把湯汁和荳腐同煮味更鮮美。

第二十一種　蔴菇荳腐湯

作料

蔴菇八只。　陳黃酒四錢。　荳腐二塊。　冬笋一只。　茅荳子二匙。

用具

鍋一只。　爐一只。　厨刀一把。　大湯碗一只。　甑籠一具。

方法

把蔴菇用透水放好。撒以陳黃酒少時取出和荳腐冬笋用厨刀切成小方塊一同倒入鍋內傾以蔴菇湯同煎加以食鹽蓋鍋蓋燒了數透便可起鍋食了。

附注

本食品味美可口。爲素中佳品。

第二十二種　燒神仙茄

作料

茄子十只。　荳腐二塊。　蔴菇屑香菌屑扁尖屑各若干。　食鹽三錢。

蔴菇湯一碗。　醬油四兩。　白糖半兩。

用具

鍋一只。　爐一只。　筷一雙。　大湯碗一只。　甑籠一具。

方法

先把茄子洗淨摘去茄蒂將腹內的子肉盡行揑空然後把荳腐打爛。同時加以蔴菇屑香菌屑扁尖食鹽等調和納入茄子中納就後仍將原蒂蓋好。把蔴菇湯倒入鍋內更把茄子同時投入。加以醬油關蓋便燒二透之後。改用文火帶燜帶燒至成熟時。再加白糖少時方可起鍋。

乘熱供食味很鮮美。

附注

本食品的茄子。須採用小嫩而有式樣的。若大老歪醜都不適用萬勿採取。

第二十三種　紅燒麵筋

作料

荳腐二塊。　油麵筋十餘個。　木耳屑香椿豆屑若干。　食鹽三錢。

菜油二、兩。　嫩笋一只。　白糖半兩。

用具

鍋一只。　爐一只。　厨刀一把。　大湯碗一只。　甑籠一具。

方法

把油麵筋穿一小孔後將荳腐打爛。同時加以木耳屑香椿豆屑食鹽等調和。納入油麪筋內。納就後。倒入熱油鍋內。煎了一透。加以淸水筝片醬油等。然後再燒一二透。和以白糖片時卽可起鍋供食。

油麪筋以無錫爲最。

第二十四種　紅燒腐乾

作料

荳腐乾二十塊。　冬筍一只。　菜油二兩。　醬油半兩。　白糖一兩。

薑屑葱屑若干。

用具

鍋一只。　爐一只。　厨刀一把。　大湯碗一只。　甑籠一具。

方法

把荳腐乾用厨刀對切爲二倒入熱油鍋內煎了一二透倒以淸水一

杯。更加筍片醬油等待至數透再加白糖和味少時撒以薑屑葱屑卽可起鍋香美可口。

附注

荳腐乾以南京爲最著。法以白坯荳腐乾加餳糖及五香料燒成的。

第二十五種　素魚塊

作料

蒸粉一碗。　蔴菇六只。　食鹽三錢。　木耳屑二匙。　菜油二兩。　嫩筍一只。　醬油一兩。　蔴油二錢。

用具

鍋一只。　爐一只。　厨刀一把。　大湯碗一只。　甌籠一具。

方法

把蔴菇用水放好。然後用蒸粉和食鹽入鍋燒透凝結成漿盛起候乾。

心一堂　飲食文化經典文庫

用廚刀切成方塊正面逐一黏以木耳屑再把油鍋燒熱倒入煎爷以

鬆黃為度即成素魚塊然後將笋片蔴菇裝入大湯碗內舖以素魚塊

加以醬油和蔴菇湯上甑蒸三四透滴以蔴油味很鮮美

附注

附注

蒸粉先把清水過清否則恐生酸味不合衞生了

第二十六種　燒素栗子雞

作料

栗子半斤　　百葉八張　　腐衣四張　　人參條四根　　蔴菇六只　　菜

油二兩　　醬油二兩　　蔴菇湯一碗　　白糖半兩

用具

鍋一只　　爐一只　　廚刀一把　　鏟刀一把　大湯碗一只　甑籠一

具

方法

把栗子用厨刀切開。入鍋加清水燒爛脫去他的殼盛器候用。再把百葉用透水過清。每二張包人參條一根外面再包腐衣用厨刀切成寸段。倒入熱油鍋內煎透。即成素雞然後把蔴菇醬油等放入更以蔴菇湯同煎。待至栗子鬆爛傾以白糖和味即可起鍋以備供食。

附注

燒素雞的鮮味。和眞雞的鮮味。還要鮮哪。

第二十七種　紅燒素海參

作料

白皮瓜二個。　嫩笋一只。　菜油二兩。　食鹽二錢。　蔴菇八只。　白

菜心二兩。　蔴菇湯一碗。　醬油二兩。　白糖一兩。　蔥屑少許。

用具

心一堂　飲食文化經典文庫

鍋一只。　爐一只。　刮鉋一把。　厨刀一把。　鏟刀一把。　大湯碗一

只。　甌籠一具。

方法

把白皮瓜用刮鉋刮去他的皮。用厨刀切成海參形入鍋焯一透用清

水過清放入熱油鍋內撒以食鹽鏟一翻身。把冬笋白菜心切片一起

倒入鍋內和醬油蔴菇湯同煎蓋鍋蓋燒三四透用白糖和味片時卽

可鏟起。撒以葱屑更形清香味美絕倫。

附注

做素海參的作料很不一定。有的用荳腐。有的用蘿蔔。不過他的味道。

不若白皮瓜為佳。

第二十八種　清笋湯

作料

蔴菇六只。 香菌四只。 嫩笋一只。 陳黃酒二錢。 醬油一兩。 蔴

油二錢。

用具

鍋一只。 爐一只。 厨刀一把。 大湯碗一只。 甑籠一具。

方法

把蔴菇香菌用食鹽擦就用水洗淨然後入鍋加以清水煮湯然後把

蔴菇香菌和笋片一起裝入碗內加下醬油黃酒再加入蔴菇湯上甑

蒸了數透滴入蔴油味極清香。

附注

清笋湯這樣東西氣味清爽皆謂素中佳肴。

第二十九種 燒素鱔和

作料

粉皮一斤。　冬菰一只。　嫩笋一只。　菜油二兩。　冬菰湯一碗。　醬油一兩。　白糖半兩。　蒸粉少許。　蔴油二錢。

用具

鍋一只。　爐一只。　厨刀一把。　大湯碗一只。　甑籠一具。

方法

先把冬菰用水放好。再行洗淨。然後把粉皮用厨刀切成細條。用熱水過清倒入熱油鍋內炒一反身。加以冬菰湯醬油笋絲等同煮。燒他二透。和以白糖少時即用蒸粉著膩便可起鍋食時滴以蔴油味更香美。

附注

本食品在燒的時候。湯汁須緊。鹹味須和。那自然可口了。

作料

第三十種　大燒茄子

茄子十只。　油麵筋十餘個。　菜油二兩。　水薑二片。　食鹽二錢。

醬油一兩。　白糖二兩。

用具

鍋一只。　爐一只。　厨刀一把。　鏟刀一把。　大湯碗一只。　甑籠一

具。

方法

把茄子用水洗淨。用厨刀切成纏刀塊。然後倒入熱油鍋內炒一反身。

同時加以食鹽薑片等同清水半碗和油麵筋加入同煮燒至微爛再

加醬油用白糖和味。卽可供食味美無比。

附注

本食品的茄子又小又嫩否則恐不適用。

第三十一種　冬菰湯

作料

冬菰一兩。　荳腐一塊。　嫩筍一只。　香菌屑扁尖屑若干。　菜油一兩。　醬油一兩。　蔴油二錢。

用具

鍋一只。　爐一只。　厨刀一把。　大湯碗一只。　甑籠一具。

方法

先把冬菰用清水放好。用厨刀切碎。再把荳腐亦切成小方塊。然後倒入熱油鍋內。一煎用筍絲香菌屑扁尖屑等傾入和冬菰湯同煮三四透把醬油倒入。再燒一透即可盛起滴入蔴油味美絕倫

附注

冬菰湯這樣東西亦是素菜中很鮮的一種菜司。

第三十二種　雜色湯

作料

蘑菇六只。 香菌六只。 嫩笋一只。 油麪筋八個。 葛仙米半兩。

醬油一兩。 陳黃酒二錢。 蔴油二錢。

用具

鍋一只。 爐一只。 厨刀一把。 大湯碗一只。 飯籠一具。

方法

把蘑菇香菌用清水放好洗淨。用厨刀切成小塊。將葛仙米用透水泡浸。然後把笋片和蘑菇香菌油麪筋等裝入碗內蓋以葛仙米。加入陳黃酒醬油蘑菇湯。上蒸飯籠透。滴以蔴油。即可供食。

附注

葛仙米這樣東西。放時須用銅器。否則恐變黃色。很不雅觀。

第三十三種 燒紅棗

作料

紅棗一斤。　荸薺半斤。　白糖半斤。

用具

鍋一只。　爐一只。　大湯碗一只。　飯籠一具。

方法

把荸薺剝去外皮和紅棗倒入鍋內。加以清水一碗。蓋蓋燒透。放以白糖。再燒數透即可起鍋。甜美可口。

附注

起鍋時。若加玫瑰醬半杯尤爲適口。

第三十四種　油麪筋湯

作料

油麪筋十餘個。　茅荳子二匙。　嫩笋一只。　香菌六只。　醬油一兩。

麻油二錢。

用具

鍋一只。　爐一只。　大湯碗一只。　甑籠一具。

方法

把香菌洗淨入鍋煮湯。然後把茅荳子筍片香菌等裝入大湯碗內蓋以油麪筋盛以香菌湯上甑蒸透食時滴以麻油香美適口。

附注

本食品清爽可口。味很鮮美。

第三十五種　素米鴨

作料

荳腐二塊。　糯米飯半碗。　白菓二十粒。　冬笋屑香菌屑扁尖屑各若干。　食鹽二錢。　菜油四兩。　香菌湯一碗。　醬油一兩。　麻油二錢。

用具

鍋一只。　爐一只。　厨刀一把。　筷一雙。　鏟刀一把。　大湯碗一只。

甑籠一具。

方法

把糯米煮飯。更以白菓燒熟去殼。然後把荳腐和冬筍屑香菌屑扁尖屑和食鹽等用筷調和。倒入熱油鍋內。煎成一塊起鍋候用。再以油鍋燒熱。把糯米飯炒一反身。盛入大湯碗內。加以白菓碗面傾以荳腐再加醬油香菌湯。上甑蒸透。食時滴以蔴油味美無比。

附注

素米鴨這樣東西和眞米鴨無異他的味道。到也十分可愛。

第三十六種　燒葱椒芋苃

作料

芋艿半斤。　菜油三兩。　食鹽半兩。　葱屑半盅。

用具

鍋一只。　爐一只。　鏟刀一把。　大湯碗一只。　飯籠一具。

方法

把芋艿脫去其皮。倒入熱油鍋內。引鏟亂炒。見他脫生拿食鹽及葱屑一併入鍋引鏟再炒。略下些水。關蓋再燒。改用文火。以爛爲度。便可起鍋供食。肥爛無比。

附注

燒芋艿須用文火。若用烈火。則必外焦裏生。食他便覺減色了。

第三十七種　水荳腐花湯

作料

水荳腐花一碗。　冬笋一只。　茅荳子二匙。　醬油一兩。　蔴油二錢。

用具

鍋一只。　爐一只。　厨刀一把。　大湯碗一只。　甌籠一具。

方法

把水荳腐用清水過清。再把冬笋焯好用厨刀切片。將茅荳子一起裝入大湯碗內盛滿清水。加以醬油上甌蒸透食時滴以蔴油以引香味。

附注

水荳腐花以嫩爲佳。

第三十八種　榨菜湯

作料

榨菜二兩。　嫩笋一只。　香菌六只。　扁尖三根。　食鹽二錢。　蔴油一錢。

用具

鍋一只。　爐一只。　廚刀一把。　大湯碗一只。　甑籠一具。

方法

把榨菜嫩笋香菌扁尖等。用廚刀切成細絲。一併倒入鍋內。撒以食鹽和香菌湯同煮。蓋鍋蓋燒他數透卽可盛起。滴入蔴油卽可供食。

附注

榨菜湯這樣東西。清爽適口。食時若加菌油。味更出色●

第三十九種　粉皮湯

作料

粉皮半斤。　香菌五只。　嫩笋一只。　茅荳子二匙。　醬油一兩。　蔴油一錢。

用具

鍋一只。　爐一只。　厨刀一把。　大湯碗一只。　甑籠一具。

方法

把粉皮用厨刀切成條子。用熱水過清。再把香菌放好煮湯。然後用笋片茅荳子香菌等一起倒入鍋內。加以醬油蓋鍋蓋燒他數透卽可起鍋。食時滴以蔴油味香可口。

附注

放香菌的時候。須用食鹽洗擦。不用食鹽。倒以黃酒半兩代之亦佳。

第四十種　燒油包子

用具

作料

粉皮十張。　荳腐三塊。　食鹽三錢。　香菌屑木耳屑各少許。　菜油三兩。　醬油一兩。　白糖兩半

一九〇

鍋一只。　爐一只。　厨刀一把。　筷一雙。　大湯碗一只。　甑籠一具。

方法

把粉皮用熱水過清。再把荳腐和香菌木耳屑等。用筷調爛。同時加以食鹽把粉皮逐張包裹。倒入熱油鍋煎至鬆黃爲度。傾以清水半碗。和白糖等放入關蓋燒他數透。用白糖和味少時即可供食。

附注

本食品燒時宜緊湯爲妙。否則不甚適口。

第四十一種　絲瓜湯

作料

絲瓜二條。　菜油一兩。　食鹽三錢。　茅荳子二匙。　嫩笋一只。　香菌五只。　蔴油一錢。

用具

鍋一只。　爐一只。　厨刀一把。　鏟刀一把。　大湯碗一只。　甑籠一

具。

方法

把絲瓜用厨刀切成纏刀塊後即倒入熱油鍋內炒之引鏟亂炒撒以食鹽把茅荳子筍片香菌和香菌湯同煮燒過數透即可盛入大湯碗內。滴以蔴油即可供食。

附注

絲瓜生於夏時。燒時須用小嫩爲佳若黃老者很不適用注意注意。

　　第四十二種　三鮮湯

用具

作料

蔴菇六只。　蘆笋一兩。　榨菜半兩。　醬油半兩。　蔴油一錢。

鍋一只。　爐一只。　厨刀一把。　大湯碗一只。　甌籠一具。

方法

把蔴菇洗淨入鍋煮湯。再把蘆笋用透水過清蔴菇和榨菜等用厨刀切成細絲。一起裝入大湯碗內盛以蔴菇湯醬油等。上甌蒸透食時滴以蔴油。清香可口味美絕倫。

附注

三鮮湯這樣東西是用蔴菇湯同煮的。他的味道。很爲鮮潔。且能爽口健胃。很有益衞生。

第四十三種　紅燒東瓜

作料

東瓜一斤。　菜油二兩。　醬油三兩。　白糖一兩。　蔴油一錢。

用具

鍋一只。　爐一只。　厨刀一把。　刮鉋一個。　大湯碗一只。　甑籠一具。

方法

把東瓜刮去外皮。用厨刀切成薄片。倒入熱油鍋內。四面煎爆待他爆透。便將醬油清水同時加入。再煎一透更以白糖灑入鍋中和味之後。方可起鍋。加些蔴油以引香味。

附注

紅燒東瓜這樣東西湯水宜緊否則恐不適口。

第四十四種　紅燒白菜

作料

嫩笋一只。　白菜半棵。　菜油二兩。　食鹽二錢。　油豿筋十餘個。　香菌八只。　醬油二兩。　白糖一兩。　蔴油少許。

用具

鍋一只。　爐一只。　厨刀一把。　大湯碗一只。　飯籠一具。

方法

把白菜純取其心。用厨刀切成薄片。然後倒入熱油鍋內。撒以食鹽炒一反身把油麪筋香菌笋絲和香菌湯醬油等一併加入關蓋同燒二透之後便將白糖溋入再燜片刻卽可起鍋加些蔴油以引香味

附注

本食品燒時。湯汁不宜過多。多則乏味。

第四十五種　木耳茅荳羹

作料

木耳屑一撮。　茅荳子一茶杯。　菜油一兩。　醬油三兩。　白糖一撮。

茨粉半杯。　蔴油一錢。

用具

鍋一只。　爐一只。　厨刀一把。　大湯碗一只。　甑籠一具。

方法

把木耳屑茅荳子等一併倒入熱油鍋內炒一反身把醬油清水入鍋。燒煮二透之後加入白糖味和之後卽下芡粉著膩便可起鍋灑些蔴油以引香味。

附注

燒時沒有芡粉著膩。可用蒸粉代之亦佳。

第四十六種　燒荳腐乾絲

作料

香荳腐乾十塊。　醬油二兩。　白糖一撮。　蔴油二錢。　薑絲少許。

用具

一九五、

鍋一只。　爐一只。　厨刀一把。　大湯碗一只。　甑籠一具

方法

把荳腐乾用厨刀切成細絲先行入鍋。和入醬油清水先煎一透用白糖加入再燒一透。味和之後起鍋加些蔴油薑絲可供食了。

附注

本食品燒時。清水不宜多用。能拿香菌湯同煮味尤鮮美。

　　第四十七種　燒青蠶荳子

作料

青蠶荳子一碗。　嫩笋一只。　菜油二兩。　食鹽三錢，白糖一撮。蔴油二錢。

用具

鍋二只。　爐一只。　鏟刀一把。　厨刀一把，　大湯碗一只。　甑籠一

具。

方法 把豇豆子倒入熱油鍋內。引鏟亂炒。脫生為度。加以清水和筍塊等燒煮二透。撒以食鹽再燒一透。用白糖和味。片刻即可起鍋加些蔴油以引香味。

附注 青豇豆子這樣東西。不宜多燜。燜則變黃色。味亦不佳。

第四十八種　豇瓣湯

作料 豇瓣半碗。　香菌六只。　香菌湯一碗。　醬油一兩。　蔴油一錢。

用具 鍋一只。　爐一只。　厨刀一把。　大湯碗一只。　甑籠一具。

方法

把香菌放好煮湯。再以荳瓣上甑蒸熟。然後裝入大湯碗內。蓋以香菌和入香菌湯醬油等一併加入。再上甑蒸透食時滴以蔴油味更鮮美

附注

木食品燒時。若加茅荳子一匙。色彩更有可觀。味又不惡。

第四十九種　燒豇荳

作料

豇荳二紮。　嫩笋一只。　菜油一兩。　食鹽四錢。　白糖一撮。　蔴油一錢。

用具

鍋一只。　爐一只。　厨刀一把。　鏟刀一把。　大湯碗一只。　甑籠一具。

心一堂　飲食文化經典文庫

方法

把豇豆用水洗淨。用厨刀切成寸段。然後倒入熱油鍋內。把鏟刀亂鏟。灑以食鹽把清水笋片加入。二透之後利以白糖再燜片時卽行起鍋。加些蔴油味更香美。

附注

本食品湯水宜緊。多則乏味。色又不美。

第五十種　冬菰豇腐湯

作料

冬菰十只。　豇腐一塊。　冬笋一只。　醬油半兩。　蔴油一錢。

用具

鍋一只。　爐一只。　厨刀一把。　大湯碗一只。　餔籠一具。

方法

211

把冬菰用透水放好。再把荳腐冬笋用厨刀切成小塊。然後把冬菰入鍋煮湯。更以荳腐冬笋裝入大湯碗內。蓋以冬菰加以醬油和冬菰湯。上甑蒸他數透濾些蔴油便可供食。

附注

本食品不必加湯。原汁已經足够。否則乏味不美。

第五輯　點心類

第一種　咖啡茶

作料

柿核半斤。　方糖二塊。　清水若干。

用具

鍋一只。　爐一只。　鏟刀一把。　手磨一具。　咖啡杯一只。　茶匙一把。

方法 先把柿子的核。用清水洗淨。再將鐵鍋燒熱。以柿核倒下。用鏟炒他極脆。然後移入手磨中。擂成細末。同熱滾水泡入咖啡杯中。臨食時再加方糖。或加香蕉糖檸檬糖均可。用茶匙調和。俟糖融化後。卽可飲了他的氣味。和眞咖啡差不多的。

沸水泡出亦佳。

附注 眞咖啡的泡製法。將咖啡煎成濃汁。撩去茶葉卽成。如用大麥炒焦。以

第二種 檸檬茶

用具

作料 檸檬菓一只。 咖啡茶二茶匙。 清水若干。

素食譜

茶吊一把。　火爐一只。　洋刀一把。　玻璃杯數只。　茶匙數把。

方法

把咖啡二茶匙。倒入玻璃杯中。用熱滾水泡成濃汁俟冷撈去茶葉分盛數杯候用再把檸檬菓用刀切成薄片每杯置檸檬菓片二三片將茶匙壓在杯的下面。再用沸水泡成一杯。我們渴的時候就可供飲了。

附注

檸檬茶酸美異常。飯後飲用。易助消化。

第三種　松子茶

作料

松子仁一粒。　雨前茶葉二茶匙。　清水若干。

用具

茶吊一把。　火爐一只。　茶杯一只。

二〇二

214

方法 把松子一粒放在茶葉裏面。用力徧擦覆於桌上。隔了片時同雨前茶葉用熱滾水泡好。用以解渴。清香四溢令人撲鼻。

附注 如加糖汁以供飲用他的味道尤爲甜美。

第四種　清涼茶

作料 紅雨前三錢。　西洋參鬚一錢。　金銀花二錢。　甘菊花二錢。　麥冬二錢。　生甘草五分。　花紅一箇。　鮮荷葉一角。　清水若干。

用具 茶吊一把。　火爐一只。　磁器壺一把。　茶杯一只。

方法

215

把紅雨前西洋蔘鬚金銀花甘菊花麥冬生甘草花紅及洗淨的鮮荷葉一併倒入磁器壺內用開水泡滿微冷卽可飲了。

附注

本茶的味道甘涼芬芳異常常常飲可解暑熱●

第五種　炒米茶

作料

白糯米一升。　清水若干。

用具

鍋一只。　爐一只。　鏟刀一把。　瓦罐一箇。　飯籮一只。　匾一只●
碗一只。

方法

先把白糯米用飯籮淘淨。推入匾中吹乾。再入鍋中用鏟攪炒。炒至老

黃色爲度便卽鏟起用器貯藏飲時任取多少放入瓦罐中煨爛看見

米已鬆大卽可飲了味甚香美芬芳。

附注

若淡食不佳可用榨菜過食功能開胃又能消食除積。

第六種　風米茶

作料

風米（粳米）一升。　清水若干。

用具

鍋一只。　爐一只。　鏟刀一刀。　瓦罐一只。　飯籮一只。　籃一只。

碗一只。

方法

把粳米風在梁間愈陳愈佳卽成風米用飯籮淘淨推入籃中置於通

風處。陰乾便入鍋中炒熟。炒成老黃色。用鏟鏟起入器貯藏以供隨時取用。用的時候隨便取了。多少置於瓦罐中燃火燒爛使米化開卽可供食。

附注

患病初愈飲風米茶最爲相宜功同炒米茶。

第七種　菊花茶

作料

黃菊花十朶。（藥店內均有出售）　清水若干。

用具

茶吊一把。　火爐一只。　茶壺一把。　茶杯一只。

方法

把黃菊花放入茶壺內。再將火爐生着清水加滿茶吊。然後放上火爐。

待至沸騰。開入黃菊花茶壺內。以茶壺蓋關上。隔了片時。倒在茶杯內。即可供飲了。

附注

功能清肺益氣。

第八種　橄欖茶

作料

青橄欖四箇。　紅茶（或綠茶）二茶匙。　清水若干。

用具

茶吊一把。　火爐一只。　茶壺一把。　茶杯一只。

方法

把青橄欖用刀切成兩爿。同紅茶倒入茶壺內。如喜飲綠茶。（即淡茶）可換綠的。再將火爐燃燒放上茶吊歇了片刻即可沸騰然後泡入茶壺內再隔片時卽可倒出。傾入茶杯稍冷卽可飲的。

附注

按我鄉風俗。每逢陰曆元旦。無論男女老幼。必飲橄欖茶以誌慶。

第九種　荷蘭水

作料

小蘇打（卽炭酸鈉）七分。　蒸溜水一瓶。　糖汁半杯。　檸檬油一滴。　香蕉油一滴。　橙皮油一滴。　楊梅油一滴。　葡萄酸六分。

用具

荷蘭水瓶一箇。　玻璃杯一只。

方法

先把蒸溜水入瓶。加以糖汁。待他融解。加檸檬油香蕉油橙皮油楊梅油及葡萄酸最後加入小蘇打如在卜內門公司購的是叫荷蘭水喊。

一名重炭酸曹達。則水中立卽發出無數氣泡。當其發出炭酸氣時急卽

用一手掩緊瓶口。將瓶身倒置切不可令他走氣則瓶頸中玻璃珠滾

下。自能緊塞瓶口不致外溢過了一分鐘以手離去瓶口。將瓶翻正則

玻璃珠不會墜下了。飲時開瓶卽可。味甚爽胃。蓋藉炭酸氣之力也。

附注

如玻璃珠仍不能緊塞瓶口。可以手緊塞瓶口重搖數下。則無不驗者。

若隨製隨飮可不必裝瓶了。

第十種　菓子露

作料

洋白糖十斤。　蒸溜水二十斤。　香蕉五斤。

用具

鍋一只。　爐一只。　磁缸一只。　白布一塊。　大燒瓶一箇。　蛇紋管

221

一箇。　玻璃瓶一箇。　玻璃杯一只。　吸水管一根。

二一〇

方法

先把洋白糖。和入蒸溜水內。等他融化。如用次的白糖。則水中有沉澱了。可以傾入鍋中。用文火燒透。俟冷用磁缸一只。上面蓋以清潔的白布。將糖汁傾入。慢慢的濾過。使他清爽。再將香蕉去皮搗爛。以蒸溜水一二倍和入香蕉裏放於大燒瓶中。瓶置小鍋上鍋盛水置於爐上。再用蛇紋管。置於冷水槽中連其上端於燒瓶其下端則通出槽壁下部。與受器相連。布置既畢於爐中燒炭加熱於鍋則鍋中水熱而沸燒瓶亦熱。瓶中香汁化汽通入蛇紋管。再凝成液流入受器。然後取已經濾過之糖汁三分入於清潔之磁缸中。加香蕉露一分用器攪勻卽成香蕉菓子露了。便可裝入玻璃瓶中。以滿爲度。加以軟木塞入攝氏六十度溫水內。歷五分鐘以殺細菌。塗以火漆封固候用。食時開蓋飲之。他的味道清香芳冽。

附注

如用檸檬菓汁做成的。卽是檸檬菓子露了。餘可類推。

第十一種　荸薺炙

作料

荸薺十箇。　黃香梨一只。　菜油半兩。　蒸粉少許。　冰糖半兩。

用具

鍋一只。　爐一只。　厨刀一把。　鏟刀一把。　洋盆一只。

方法

把荸薺及黃香梨。用厨刀切成薄片。然後燃火燒熱鐵鍋。倒入菜油待他沸騰卽將切好的荸薺和黃香梨一併倒入引起鏟刀亂炒數下。速將蒸粉傾下。再炒數下。加以冰糖和味之後卽可起鍋味香無比。

二二一

附注

本食品的可取處。在於甜爽。孛薺一名地梨。亦名地栗。

第十二種　榛栗羹

作料

榛栗四兩。　楂糕露一杯。（或青梅露蜜薑露亦可）　白糖一兩。

桂花醬少許。

用具

鍋一只。　爐一只。　鏟刀一把。　洋盆一只。

方法

把榛栗加清水入鍋煮熟。然後撈起。速卽出殼。再加楂糕露。或青梅露。蜜薑露入鍋煎之。少時加以白糖一透之後。卽可起鍋。另加桂花醬食之味的酸甜。異常可口。

本食品的榛栗焯熟的時候盛起不可過冷否則他的殼不易脫了。

第十三種　蓮子凍

作料

蓮子一斤。　洋菜四兩。　冰糖一斤。

用具

鍋一只。　爐一只。　厨刀一把。　盤一只。　冰箱一只。　洋盆一只。

方法

把蓮子用滾水泡好去皮及心。再用溫水洗淨他的皮屑。乃入鍋燒爛如泥再用洋菜冰糖和水同煎燒了數透盛起置於盤內放入冰箱或井水激之。到了凝結成凍時。然後用刀切成片塊食之清涼鬆脆味極鮮甘異常。

附注

木食品爲消暑上品。

第十四種　杏仁冰

作料

杏仁一斤。　冰糖一斤。　餳糖四兩。

用具

鍋一只。　爐一只。　石臼一只。　洋盆一只。

方法

把杏仁去皮。放入石臼內。用杵搗爛去其渣滓。便同冰糖餳糖入鍋熬煎成膠。盛起冷凍卽可食了。

附注

本食品爲解肺中風寒滯氣的妙品。

心一堂　飲食文化經典文庫

第十五種　炸山楂

作料

山楂糕十小塊。　菜油四兩。　洋麪粉少許。　蒸粉少許。　白糖二錢。

用具

鍋一只。　爐一只。　厨刀一把。　大碗一只。　匙一把。　洋盆一只。

方法

先把山楂糕用刀切成小方塊。再把洋麪粉蒸粉白糖和入清水一同調勻然後把鐵鍋燃火燒熱加入菜油待他發沸卽可用匙把山楂糕入麪粉碗內浸過便卽匙起。放入鍋中煎了黃透卽可裝入洋盆裏面。以備供食。

附注

本食品的味道。味酸而美酥香異常。

第五輯　點心類

二一五

素食譜

227

第十六種 炙桃片

作料

胡桃片一斤。 菜油一斤。 白糖半斤。

用具

鍋一只。 爐一只。 大碗一只。 鐵絲爪籬一把。 洋盆一只。

方法

把胡桃片。用熱滾水泡汏未幾以手脫去他的皮。再把柴火燒旺將油鍋燒熱。待他極熱將胡桃片倒入用鐵絲爪籬翻動見他發黃切勿過焦。即用鐵絲爪籬撈起。瀝乾油質速即乘熱拌上白糖然後裝入洋盆裏面食之鬆脆可口。

附注

本食品拌白糖的時候。必需乘熱。否則黏不着了。

第十七種　菊花片

作料

菊花十朵。　菜油四兩。　洋籹粉少許。　蒸粉少許。　白糖二錢。

用具

鍋一只。　爐一只。　大碗一只。　筷一雙。　洋盆一只。

方法

把菊花用清水洗淨。然後將洋籹粉蒸粉白糖。加以清水用筷在碗內打和。卽可將火燃着燒熱油鍋見他已發靑烟乃以筷慢慢將葉入籹粉碗內浸過浸之殆徧便可轉入油鍋煎甫黃裝入洋盆裏面乘熱食之。味很鬆脆芳香尤烈。

注法

木食品的菊花需以肥大者爲佳。

第十八種　蓮花片

作料

蓮花十朵。　菜油四兩。　洋麩粉少許。　蒸粉少許。　白糖二錢。

用具

鍋一只。　爐一只。　大碗一只。　筷二雙。　洋盆一只。

方法

把白荷花。取他初放的花瓣。再把洋麩粉蒸粉白糖。和以清水拌成稀薄漿糊用筷鉗蓮花瓣入漿糊內浸過。然後將鐵鍋燒熱放入菜油俟已發沸卽可倒入氽之微黃卽行撩起裝入盆中。再敷以白糖味的香脆。可口異常。

附注

本食品宜在夏日。可以藉解暑氣。

作料

玉蘭花十朵。　菜油四兩。　洋麫粉少許。　蒸粉少許。　白糖二錢。

用具

鍋一只。　爐一只。　大碗一只。　筷一雙。　洋盆一只。

方法

把玉蘭花純取沒有斑點的花瓣。然後將洋麫粉蒸粉白糖。和入清水。用筷調成薄醬。再將火燃着燒熱油鍋。卽以洗淨的玉蘭花瓣用筷拌以薄醬鉗入汆之見他漸黃卽可鉗起裝入洋盆裏面乘熱食之。香脆可口。

附注

按玉蘭花。卽就是木筆花。開花在正二月的時候。

第二十種　山藥糕

作料

山藥一斤。　白糖半斤。　菜油半斤。　炒米粉三合。　蜜櫻桃十只。

蜜棗五箇。　桂圓肉五箇。　桂花醬少許。

用具

鍋一只。　爐一只。　廚刀一把。　瓦鉢一箇。　甑籠一具。　飯碗一只。

洋盆一只。

方法

把山藥入清水洗淨入鍋燒爛卽行盛起。剝去他的皮用刀入瓦鉢中。

攪爛需極爛爲度。加入白糖菜油炒米粉一同打和。然後以蜜櫻桃蜜

棗桂圓肉桂花醬舖於碗底徐徐裝入上面覆以洋盆、上甑籠蒸之極

透。然後取出翻轉裝入盆中卽可食了。

心一堂　飲食文化經典文庫

附注

本食品用的菜油需要熬熟的。否則不甚出色。如中間嵌入夾砂心味

亦良佳壹砂的製法將紅赤荳（或菉荳）燒爛後去皮成砂乃用蔬

油炒之。再加桂花白糖和些熱水調成薄漿即可隨時取用了。

第二十一種　八寶飯

作料

白糯米一升。　白糖半斤。　菜油半斤。　蓮心十粒。　茨實二十粒。

蜜棗十個。　桂圓肉十箇。　蜜葡萄十粒。

用具

鍋一只。　爐一只。　飯籮一只。　飯籠一具。　瓦缽一只。　飯碗一只。

洋盆一只。

方法

把白糯米用飯籮淘淨。然後上甑蒸熟。傾入瓦缽內和以白糖菜油拌之極和。再放蓮心芡實出核的蜜棗桂圓及蜜葡萄半舖於碗底即將拌和的糯米飯裝入碗中裝滿上面蓋以洋盆再行上甑蒸了數透取出翻轉即可食了。

附注

本食品的菜油需用熬熟的。

第二十二種　一品饅

作料

洋麪四升。　白酒脚一碗。　白糖二錢。　食鹽一撮。　鹹水半杯。荳砂餡一碗。

用具

鍋一只。　爐一只。　缸一只。　厨刀一把。　甑籠一具。　筷一雙。　洋盆一只。

方法　把洋麵倒入缸內。再以白酒腳和清水三碗倒入鍋中。燒之。和以白糖食鹽燒至微熱。卽行盛起。傾入洋麵缸中用手拌之。極和。待他發酵。見他中間已發細孔。卽是發酵。瀝以鹼水。卽行搓成長條形如木棍狀然後用刀切斷。以手掌揿扁。把荳砂包入。包就。卽行上甑蒸之。數透卽可作點心了。

附注　本食品的荳砂餡是用紅赤荳煮爛後用白糖炒成的。

第二十三種　炒麵

作料　麵一斤。　菜油三兩。　笋一只。　香菌十只。　扁尖三四條。　白菜二

第五輯　點心類

二三三

素食譜

兩。菠菜二兩。食鹽三錢。

用具

鍋一只。 爐一只。 厨刀一把。 鏟刀一把。 洋盆一只。

方法

把麪放入沸水中燒熟。用冷水過清。攤開吹乾。候用。卽將鐵鍋燒熱。倒下菜油。待他沸騰。以麪倒入用鏟亂炒。炒了良久。見他已呈黃色。下以放好的香菌扁尖切好的筍絲。白菜及菠菜食鹽等。和些香菌扁尖水。再炒數透便可食了。

附注

若麪過爛炒則不爽。吃亦乏味。故麪的條子。以硬爲佳。

第二十四種　燒賣

作料

洋麴粉二升。　荳腐五塊。　木耳半兩。　金針菜半兩。　京冬菜半兩。

香菌半兩。　食鹽三錢。　菜油半兩。　葱屑少許。

用具

鍋一只。　爐一只。　厨刀一把。　趕鎚一箇。　筷一雙。　餂籠一具。

洋盆一只。

方法

把洋麴用清水拌和。不可過爛。如爛。可再加一些麴粉。然後用手搓成長條。用刀切成寸斷放在麴粉上。以手撳扁大如銀圓。再將趕鎚在四周趕薄當中需厚些。爲燒賣底不可過薄。恐要穿的。卽以荳腐木耳屑金針菜屑京冬菜屑香菌屑等用筷調和。加以食鹽菜油葱屑再行調和。卽以坯托在掌心。包成燒賣。四邊皺緊成荷葉邊狀。卽可上餂蒸透。食之味很適口。

附注

若底過薄。就易穿了。食亦乏味。

第二十五種　杏酪湯

作料

杏仁一碗。　白糖半兩。　桂花醬少許。

用具

鍋一只。　爐一只。　石臼一只。　手磨一具。　匙一把。　鏟刀一把。
碗一只。

方法

把杏仁用清水浸胖去他的皮尖。用石臼舂之極爛。入手磨中擇細。徐
徐沖水純取其汁然後倒入鍋中。加以清水燒他一透和以白糖見他
漸漸濃厚。加入桂花醬。即可起鍋。用匙飲之味很香甜。

常飲能清肺止咳。

第二十六種　楂酪湯

作料

山楂糕三小塊。　白糖二錢。　桂花醬少許。

用具

鍋一只。　爐一只。　鏟刀一把。　匙一把。　碗一只。

方法

把山楂糕和入清水。倒入鍋中。加下白糖用鏟刀攪勻。然後加入桂花醬再燒一透便可供食酸美得宜。

附注

飯後飲之易助消化。

第二十七種　荔枝羹

作料

新鮮荔枝十筒。　白糖半兩。　桂花醬少許。

用具

鍋一只。　爐一只。　鏟刀一把。　匙一把。　碗一只。

方法

把新鮮荔枝去殼和以清水放於鍋中燃火燒之。燒他一透加下白糖。引鏟漸漸攪勻。然後下以桂花醬即可盛食了。

附注

本食品的鮮美可稱第一。無怪蘇氏有日食荔枝三萬顆的詩哩。

第二十八種　黑荳莢漿

作料

黑豇荳四合。　鹽花少許。

用具

鍋一只。　爐一只。　碗一只。

方法

把黑豇荳用水洗淨入鍋加以清水。燃着柴火燒他極爛。然後撩去他的渣滓盛入碗中而飲其湯稍加些鹽花。每天早晨的時候若飲一次。很爲滋補。

附注

本食品吃的時候。甜鹹可隨意的。請諸君不必拘泥就是了。

第二十九種　檸檬露

作料

檸檬菓一只。　白糖二錢。

用具

杯一只。

方法

把檸檬菓擠取他的汁水。盛入杯中。調以白糖冲以開水。每逢飯後。吃他一杯。可治飲食停滯的不消化病。而且風味極佳。

附注

如買市上所售檸檬露亦佳。法以檸檬菓洗淨。剝去他的外皮。調和以白糖置於玻璃瓶中關蓋封口勿使洩氣我們用檸檬露時可以此利用的了。如在燒飯煮粥的時候。放入檸檬露一匙於水中他的米色愈為潔白。并且飯的質地鬆軟得很。

第三十種 荳腐漿

作料

荳腐漿一碗。　白糖二錢。

用具

碗一只。

方法

把市上荳腐店內所出售的荳腐漿加以白糖。亦在每天早晨的時候。飲他一次。他的功效。滋補勝於牛乳。並且可以令人而色光澤肌膚白嫩洵美品也。

附注

荳腐漿名荳腐酪。即荳腐油。是用黃荳搾細。然後放在鍋中煎成的。他的顏色潔白他的性質清涼屬水走腎為補精液的良物瘦人屬火肥人屬寒瘦人則宜食肥人則宜少食為是。

第三十一種　橘酪湯

作料

橘子三只。　白糖二錢。　桂花醬少許。

用具

鍋一只。　爐一只。　鏟刀一把。　匙一把。　碗一只。

方法

把橘子剝去他的皮分成數瓣每瓣亦剝去他的皮。再去他的子核同清水倒入鍋中燒透和以白糖再加桂花醬以鏟攪勻便即盛起裝入碗中。用匙飲汁味很甜美。

附注

本食品需甜蜜橘的餘則不美。

第三十二種　茄絲餅

作料

洋麭粉半升。　茄子五只。　菜油二兩。　白糖半兩。　醬油一兩。　薑絲少許。　食鹽少許。

用具

鍋一只。　爐一只。　厨刀一把。　鏟刀一把。　匙一把。　大碗一只。　洋盆一只。

方法

先把茄子去皮及柄。用刀切成細絲。以食鹽擦透。用清水洗淨。和以白糖醬油薑絲等。再用洋麭粉拌清水調成薄漿。然後將火燃着柴團燒熱油鍋用匙倒下薄漿先下一匙。將茄絲攤上務使均勻。再下一匙加些菜油煎黃反身。以兩面皆黃爲度。盛入盆中味很可口。

附注

本食品的作料裏面。如加入黃酒青葱味亦佳美。又茄子嫩的可不去、皮。

第三十三種 焗熟藕

作料

嫩藕三枝。　白糯米半升。　鹼一塊。　白糖三兩。

用具

鍋一只。　爐一只。　竹刀一把。　竹籤數枝。　飯籮一只。　筷一雙。

洋盆一只。

方法

把嫩藕入水洗淨泥污。用竹刀每節切斷。再以每節斜切他的一端。即將飯籮淘好的糯米用筷塞滿藕眼。仍以斜切的藕用竹籤扦住。然後和清水入鍋加以鹼屑燃火燒之。待至藕爛。放入白糖。即可起鍋食時。用刀切片。蘸以白糖。味很爽口。

附注

本食品用的鹼是著紅顏色的。或換用竈荳殼水亦可。

第三十四種　剌毛糰

作料

糯米粉半升。　白糯米三合。　薺菜四兩。　香荳腐乾四塊。　菜油半兩。　醬油半兩。　白糖二錢。　食鹽少許。

用具

鍋一只。　爐一只。　厨刀一把。　甑籠一具。　夏布數塊。　洋盆一只。

方法

把糯米粉和水拌濕。不可過爛。亦不可過乾。以適宜爲度。分成小塊。揑成空糰皮子愈薄愈佳。乃以切細的薺菜和入香荳腐乾屑。及菜油醬油白糖食鹽等拌和之後。包入糰心。搓成回形。滾以糯米上甑置夏布

第五輯　點心類

二三五

素食譜

247

上。蒸熟便可食了。

附注

本食品用的薺菜我們常熟人都叫做斜菜。

第三十五種 荸薺糕

作料

新鮮嫩荸薺一斤。　菉荳粉一斤。　白糖半斤。　杏仁精十滴　薄荷

油十滴。

用具

鍋一只。　爐一只。　厨刀一把。　石臼一只。　布一方。　鏟刀一把。

磁盆一只。　小义一把。　洋盆一只。

方法

把荸薺用厨刀削去他的皮用石臼搗爛用布渣取他的汁傾入鍋中。

248

加下菉荳粉。白糖和水等。用文火細熬用鏟刀攪勻至湯起粘時加下
杏仁精薄荷油卽可盛入磁器盆中用冷水激成冰凍然後用厨刀切
成小方塊裝入盆內用小叉叉食之味甚甜美爲點心中有名之品。

附注

荸薺俗稱地梨亦名地栗需要揀小而嫩的汁水因之可以多一點了。

第三十六種　菉荳湯

作料

菉荳半升。　蓮子半兩。　茨實半兩。　苡仁半兩。　蜜青梅五只。　蜜
棗五筒。　糖紅瓜半兩。　白糖半斤。　薄荷湯一小缸

用具

鍋一只。　爐一只。　厨刀一把。　匙一把。　碗一只

方法

先把薄荷用沸水泡於缸中。取其面而棄其渣滓。再把蓮子茨實苡仁等放好及青梅切細蜜棗去核然後食時各取一匙置於碗中加以白糖盛入薄荷湯卽可飲了。甘芳可口莫與比倫。

附注

本食品宜於夏令食之味甚凉爽。若平時多飲蕘荳湯可免喉症痧氣的傳染惟宜在瓦罐內煮之切忌銅鐵器否則但足供食而沒有效的。

第三十七種　一捻酥

作料

洋麪粉一斤。　白糖半斤。　菜油四兩。　松子肉半兩。　胡桃肉半兩。　烏棗子十箇。　黑芝蔴二合。　杏仁十粒。　蜜棗十箇。　桂花醬少許。

用具

心一堂　飲食文化經典文庫

鍋一只。　爐一只。　篩子一只。　鏟刀一把。　洋盆一只。

方法

先把洋麪粉入鍋炒熟用器研細用篩子篩過與白糖清水拌和再入鍋中。將菜油傾下然後加入松子肉胡桃肉烏棗子及黑芝蔴屑杏仁蜜棗桂花醬等一同引鏟炒和速即乘熱捻成拳形食之芳香異常甘鬆絕倫。

附注

本食品在炒的時候必需留意務使炒得均勻勿令枯焦以免食之乏味從事者所不可不注意的。

第三十八種　玫瑰堆

作料

洋麪粉一斤。　白糖二斤。　菜油二斤。　玫瑰醬少許。

用具

鍋一只。　爐一只。　廚刀一把。　趕鎚一箇。　木盤一只。　洋盆一只。

方法

把洋麵粉分作二份。一份六分。一份四分。六分之中。用三分油。七分水拌濕。需拌至極和爲度。再以四分之中。用七分油三分水拌濕。亦需拌至極和爲度。然後均摘成小塊。兩數必求相等。否則過多過少不能平均。均不適用了。再用大的包裹小的。搓成糰狀。用手揤扁。取趕鎚趕之務使趕長。又如筐箕。卽用厨刀切開。分爲二長條。套在二手指上卷之使圓担平他的底。又勝如和尚帽。卽可盛於木盤內候用。乃以油鍋煎熱。將木盤中的玫瑰堆慢慢的一箇一箇投入。見他開花已經九層。卽可撈起。仍放於木盤中中間嵌入白糖。玫瑰醬按之使滿。便可裝入洋盆裏面。以備供客了。

附注

本食品在用刀切的時候。切開的這一端不可作底揑平。若然錯了。煎時便不開花九唇食之不鬆白糖亦無從按置就不成爲玫瑰堆了。

第三十九種　細絲糕

作料

白糯米粉三斤。　白糖一斤。　交子肉半兩。　胡桃肉半兩。　烏棗子半兩。　對丁半兩。

用具

鍋一只。　爐一只。　木盤一只。　厨刀一把。　甌籠一只。　洋盆一只。

方法

把白糯米粉放入木盤裏面。倒下白糖和以淸水。如在冬日需用温水。拌成柔軟卽可上甌。燃火蒸透蒸了數透卽可蒸熟便卽盛起置於木

253

盤中。上面按以交子肉。胡桃肉烏棗子及對丁等。用手按之。使他黏着。

吃的時候用刀切成半寸見方的小塊。裝入洋盆裏面如已冷務需再

蒸。使熱後即可食了他的味道美不堪言

附注

木食品用的交子肉。即就是西瓜子肉。對丁。即就是紅綠絲以裝美觀

的。

第四十種　藕粥

作料

白糯米半升。　嫩藕二枝。　白糖六兩。　桂花醬少許。

用具

鍋一只。　爐一只。　鏟刀一把。　厨刀一把。　銅鉋一箇。　磁盆一只。

淘籮一只。　布一方。　匙一把。　碗一只

方法 把白糯米淘淨後。再以藕洗淨去節用刀切成小段放在銅鉋上鉋刮成漿下承磁盆取其汁水用布漏清渣滓和糯米放入鍋中和以適當的清水。然後關蓋燒透下以白糖及桂花醬再燒數透到燜爛爲度即可盛於碗中用匙取食。味頗甜美。

附注 如加入各種香油。如檸檬油。香蕉油等類味較良佳。

第四十一種　炒年糕

用具

作料 年糕一方。雪裏蕻半兩。菜油二兩。白糖四兩。桂花醬少許。葱屑少許。

鍋一只。　爐一只。　厨刀一把。　鏟刀一把。　筷一雙。　洋盆一只。

方法

把尋常家家在年底做成的年糕或用寧波年糕。用刀切成半寸見方的小塊惟寧波年糕需切薄片卽將油鍋燒熱以糕倒入炒之見他四面皆黃卽以雪裏蕻葱屑放下和些清水關鍋蓋再燒數透卽行起鍋供食用鏟盛於盆中舉筷取食若蘸以白糖桂花醬頗饒風味。

附注

年糕爲新年裏請客用的常品。

第四十二種　茨菇片

作料

茨菇半斤。　菜油四兩。　飛鹽半兩。

用具

鍋一只。　爐一只。　厨刀一把。　筷一雙。　洋盆一只

方法

把茨菇用清水洗淨。用厨刀切成薄片。然後燒熱油鍋。用筷鉗入茨菇片若干反覆炙黃片刻卽就。仍卽鉗起。盛於洋盆裏而食時蘸以鹽花。味甚鬆脆。

附注

本食品炙得過於枯焦。則不可食了。又一時不易食完。可貯於玻璃瓶內。封固其口隨時取食。

第四十三種　山芋片

用具

作料

洋山芋半斤。　菜油四兩。　飛鹽半兩。

257

鍋一只。　爐一只。　刮鉋一箇。　厨刀一把。　筷一雙。　洋盆一只。

方法

把洋山芋用清水洗淨。用刮鉋刮去他的皮。再用厨刀切成薄片卽可燃着草火。推入爐內燒旺再以菜油倒入鍋內待他發沸以筷鉗入汆之。色黃卽就可以貯入玻璃瓶中以供食用吃的時候加下鹽花味亦甚佳。

附注

本食品用的洋山芋需用白心洋山芋爲佳。

第四十四種　汆菓肉

作料

落花生半斤。　菜油半斤。　飛鹽半兩。

用具

鍋一只。　爐一只。　鐵絲爪籬一只。　洋盆一只。

方法

把落花生。剝去他的外殼後即將油鍋燒熱待他發滾。將剝好的花生肉倒入。煎了數透見他浮起即是熟了。用鐵絲爪籬撈起盛於洋盆裏面。吃的時候。再蘸以鹽花味甚香脆。

附注

本食品在晨間以之佐粥蘸以醬油味亦不惡云。

第四十五種　月餅

用具

作料

洋麵粉一斤。　菜油二斤。　白糖半斤。　松子仁半兩。　胡桃肉半兩。　青梅乾半兩。　交子仁半兩。　桂花醬少許。

烘缸全付。　盤一只。　趕鎚一箇。　刀一把。　月餅匣數只。

方法

先把洋麫粉分作二份。一份四分一份六分。四分之中用七分油。三分水拌得軟轉爲度。六分之中用三分油六分水也要拌得軟轉然後均要摘成小塊兩數必求相等再以大的包裹小的搓成圓形用手捺扁取趕鎚趕長便卽捲轉好像竹管將他豎直用手捺扁中間包以百菓餡四面揑攏再用手稍爲捺扁些卽成月餅攤入烘缸燃火烘之待他四面皆黃卽可供食了。如餽送親友可裝以月餅匣以作禮物之用。

附注

本食品用的餡。如改爲荳砂餡。味亦佳美鄉人都以月餅在中秋節夜。焚香斗燒銀燭以齋月宮不知始在什麼時候的。

第四十六種　春卷

作料

春卷皮半斤。　薺菜四兩。　笋一只。　香荳腐乾四塊。　菜油半斤。　醬油半兩。　白糖二錢。　食鹽少許。

用具

鍋一只。　爐一只。　甑籠一具。　厨刀一把。　筷一雙。　洋盆一只。

方法

先把春卷皮上甑蒸透卽可張張撕開。用切細的薺菜屑笋屑香荳腐乾屑和入醬油白糖食鹽等拌和以後以春卷皮包裹成卷狀然後將油鍋燃火燒熱用筷鉗入煎之待他四面皆黃卽可裝入洋瓶內以備供食了。

附注

第四十七種　水餃子

作料

洋麵粉一升。　荳腐四塊。　木耳半兩。　香菌半兩。　金針菜半兩。

菜油半兩。　食鹽三錢。　葱屑少許。

用具

鍋一只。　爐一只。　麵杖一根。　四兩缽一只。　匙一把。　碗一只。

方法

把洋麵粉用水拌濕用麵杖打成薄皮愈薄愈佳但不可穿乃以四兩

缽底刻成圓形然後以荳腐擠乾加入放好的木耳香菌金針菜等屑。

及菜油食鹽葱屑等調和之後以圓形塊包之對摺搦緊邊皮宛如半

刀形卽可同清水入鍋燒透盛於碗中卽可食了。

本食品若包白菜冬笋等食之亦佳‘

本食品包的時候宜乎謹慎否則穿了食之乏味。

第四十八種　煎糰

作料

糯米粉半升。　荳腐二塊。　冬菇半兩。　木耳半兩。　菜油半斤。　醬

油半兩。　食鹽葱屑若干。

用具

鍋一只。　爐一只。　厨刀一把。　筷一雙。　洋盆一只。

方法

把糯米粉和水拌濕用手摘成小塊搓成圓形搋成空糰中間包以荳

腐餡先以荳腐擠乾汁水加入放好冬菇木耳等屑及菜油醬油食鹽

葱屑等調和候用包就後卽將油鍋燒熱放好糰子煎之煎之兩面皆

黄卽熟。

附注

煎糰以皮薄露多爲最佳可用洋菜一同包入則露必多了。

第四十九種　粽子

作料

白糯米一升。　紅棗子二十個。　粽籜若干張。蔴線若干。　白糖一兩。

用具

鍋一只。　爐一只。　飯籮一只。　筷一雙。　洋盆一只。

方法

把白糯米用飯籮淘淨後卽可用粽籜用手捲成三角形或小脚狀中實以米及紅棗子數個塞滿用粽籜包緊用蔴線紮住一對一對放入

264

鍋中。加以清水。即可燒了。待水燒乾再加清水。再燒數透盛起剝去糉。

糉。蘸以白糖味道很佳。

附注

附注

本食品可以煎食。加葱屑鹽花尤佳。

第五十種　瓷糰

作料

白糯米一升。　黑芝蔴四合。　赤砂糖四兩。　小粉少許。

用具

鍋一只。　爐一只。　飯籮一只。　木杵一根。　石臼一只。　罎一只。

胭脂棉一小塊。　洋盆一只。

方法

把白糯米用飯籮淘淨入鍋加清水。煮成糯米飯。用木杵舂爛然後將黑芝蔴入鍋炒熟用臼研細和以赤砂糖再以糯米飯分成數十塊中間包以芝蔴餡搦緊搓成圓形置於罐內罐內先置小粉使不黏住糰面中央以胭脂棉點之以裝美觀。

附注

本食品亦可煎食爲尋常人家普通點心的一種。

民國十四年八月發行
民國三十年七月七版

有著
准作
不翻
印權

素 食 譜 （全一冊）

◎

實價國幣 一元二角

（郵運匯費另加）

編　者　常熟時希聖

發行者　中華書局有限公司
　　　　代表人路錫三

印刷者　美商永寧有限公司
　　　　上海澳門路

總發行處　昆明　中華書局發行所

分發行處　各埠　中華書局

（純）（三九六九）

書名：素食譜
系列：心一堂・飲食文化經典文庫
原著：【民國】時希聖
主編・責任編輯：陳劍聰

出版：心一堂有限公司
地址/門市：香港九龍旺角西洋菜南街五號好望角大廈一〇〇三室
電話號碼：(852) 6715-0840
網址：www.sunyata.cc　publish.sunyata.cc
電郵：sunyatabook@gmail.com
心一堂 讀者論壇：http://bbs.sunyata.cc
網上書店：　　　http://book.sunyata.cc

香港發行：香港聯合書刊物流有限公司
地址：香港新界大埔汀麗路三十六號中華商務印刷大廈三樓
電話號碼：(852) 2150-2100
傳真號碼：(852) 2407-3062
電郵：info@suplogistics.com.hk

台灣發行：秀威資訊科技股份有限公司
地址：台灣台北市內湖區瑞光路七十六巷六十五號一樓
電話號碼：+886-2-2796-3638
傳真號碼：+886-2-2796-1377
網絡書店：www.bodbooks.com.tw
心一堂台灣國家書店讀者服務中心：
地址：台灣台北市中山區松江路二〇九號一樓
電話號碼：+886-2-2518-0207
傳真號碼：+886-2-2518-0778
網址：http://www.govbooks.com.tw/

中國大陸發行・零售：心一堂
深圳地址：中國深圳羅湖立新路六號東門博雅負一層零零八號
電話號碼：(86)0755-82224934
心一堂官方淘寶流通處：http://sunyatacc.taobao.com/

版次：二零一七年八月初版，平裝

定價：　港幣　　　一百三十八元正
　　　　新台幣　　　五百五十元正

國際書號 ISBN 978-988-8317-67-7